Neues verkehrswissenschaftliches Journal

Ausgabe 11

Entwicklung einer simulationsbasierten Methodik zur ursachenbezogenen Engpassbewertung komplexer Gleisstrukturen in spurgeführten Verkehrssystemen unter Berücksichtigung stochastischer Bedingungen

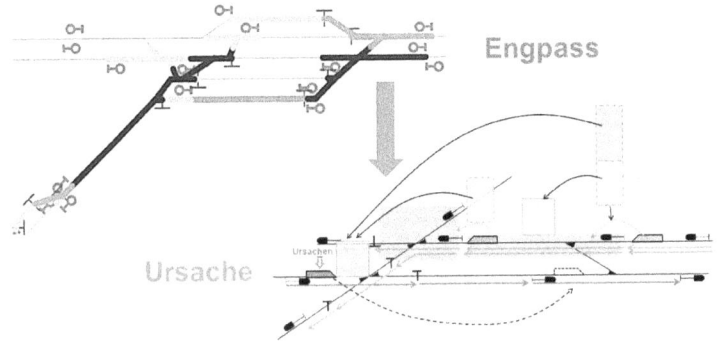

DFG – Forschungsprojekt (MA 2326/10-1)

Prof. Dr.-Ing. Ullrich Martin

Dipl.-Inf. Xiaojun Li

Institut für Eisenbahn- und Verkehrswesen der Universität Stuttgart

© Verkehrswissenschaftliches Institut an der Universität Stuttgart e.V.,
Ullrich Martin, Xiaojun Li

Titelbild: Ullrich Martin, Xiaojun Li

Herstellung und Verlag: BoD - Books on Demand, Norderstedt

Printed in Germany

ISBN 978-3-7347-9588-6

Vorwort

Im Jahr 2012 wurde der Antrag für eine Sachbeihilfe zu dem Thema „Entwicklung einer simulationsbasierten Methodik zur ursachenbezogenen Engpassbewertung komplexer Gleisstrukturen in spurgeführten Verkehrssystemen unter Berücksichtigung stochastischer Bedingungen" von der Deutschen Forschungsgemeinschaft (DFG) bewilligt. Das Ziel des 2014 abgeschlossenen Projekts bestand in der Entwicklung eines neuen Verfahrens zur direkten Erkennung der Ursachen von Engpässen in komplexen Gleisstrukturen mit mikroskopischen Modellen zur Leistungsuntersuchung, da die tatsächlichen Ursachen der Engpässe beim gegenwärtigen Stand der Forschung in diesem Bereich aufgrund der komplexen Gleisstrukturen und Fahrtenkombinationen noch nicht trivial ermittelbar waren. Die Kenntnis der Ursachen bildet jedoch eine wichtige Voraussetzung, um geeignete Maßnahmen zur Verminderung der durch Engpässe entstehenden Wirkung ableiten zu können.

Mit den Erkenntnissen des abgeschlossenen Forschungsprojekts können Engpässe unabhängig von der Komplexität der Infrastruktur und des Betriebsprogramms bei mikroskopischer Betrachtung hinreichend genau bewertet werden. Ein im Rahmen des Projekts neu entwickeltes mikroskopisches Infrastrukturmodell bildet die Grundlade für das im Rahmen des Forschungsprojekts erarbeitete Berechnungs- und Bewertungsverfahrens zur Engpassanalyse. Basierend auf dem Infrastrukturmodell werden sowohl die wirksamen Engpässe bei einer konkreten Belastung als auch die Engpässe bei erhöhten Belastungen infrastrukturelementgenau identifiziert, so dass auch potenzielle Engpässe frühzeitig erkennbar und mit geeigneten Maßnahmen zu vermeiden sind. Die Methodik zur Ursachenfindung ermöglicht die Erkennung der tatsächlichen Ursachen der Engpässe, die durch das Zusammenspiel von sich gegenseitig behindernden Zugfahrten verursacht werden.

Die Ergebnisse aus diesem Projekt ergänzen die vorhandenen Methoden makroskopischer Leistungsuntersuchungen, so dass eine allgemeingültige Bewertung eines Untersuchungsraums innerhalb eines Bewertungsprozesses möglich ist.

Stuttgart, im März 2015

Ullrich Martin, Xiaojun Li

Inhaltsverzeichnis

Inhaltsverzeichnis 7

Abbildungsverzeichnis 11

Tabellenverzeichnis 14

1 Einleitung 15

2 Engpassanalyse bei Leistungsuntersuchungen 17
2.1 Überblick 17
2.2 Grundbegriffe 17
2.3 Methodik bei Leistungsuntersuchungen 19
2.3.1 Überblick 19
2.3.2 Analytische Methode 20
2.3.3 Simulative Methode 21
2.4 Zielsetzung 23

3 Beschreibungsmodell für komplexe Gleisstrukturen 25
3.1 Überblick 25
3.2 Vorhandene Beschreibungsmodelle 25
3.2.1 Fahrstraßenknoten – Gleisgruppen 25
3.2.2 Teilfahrstraßenknoten (TFK) 27
3.2.3 Mikroskopisches Infrastrukturmodell nach Radtke 30
3.3 Zielsetzung der Infrastrukturmodellierung bei der Engpassanalyse 31
3.4 Das neue Beschreibungsmodell 32
3.4.1 Basisstruktur - ungerichtetes Belegungselement 32
3.4.1.1 Definition und Abgrenzung 32
3.4.1.2 Vergleich mit Teilfahrstraßenknoten 34
3.4.1.3 Vergleich mit Fahrstraßenknoten und Gleisgruppen 36
3.4.2 Fahrwegkomponente – gerichtetes Belegungselement 37
3.4.3 Infrastrukturmodellierung auf den Ebenen der Basisstrukturen und Fahrwegkomponenten 38

4 Simulationsbasierter Berechnungsansatz zur Ermittlung von Bewertungskenngrößen 41
4.1 Überblick 41
4.2 Kenngrößen bei Leistungsuntersuchungen 41

4.2.1	Leistungsbezogene Kenngrößen	42
4.2.2	Infrastrukturbezogene Kenngrößen	43
4.2.3	Qualitätsbezogene Kenngrößen	44
4.3	Auswahl der Kenngrößen zur Engpassanalyse	45
4.4	Berechnungsverfahren zur Ermittlung der Kenngrößen	46
4.4.1	Berechnung des Belegungsgrads	46
4.4.2	Berechnung des Behinderungsgrads	49
4.4.3	Berechnung der Engpassempfindlichkeit	51
4.4.4	Berechnung der Nicht erfüllbaren Belegungswünsche	53
4.5	Fahrplanverdichtung mit stochastischen Bedingungen	55
4.6	Bewertungsmaßstab - Optimaler Leistungsbereich	59
5	**Ansätze zur ursachenbezogenen Engpassanalyse**	**63**
5.1	Überblick	63
5.2	Algorithmus zur Lokalisierung von Engpässen	63
5.2.1	Konzept zur Lokalisierung von Engpässen	63
5.2.2	Ermittlung der Grenzwerte für die Kriterien zur Lokalisierung von Engpässen	65
5.2.2.1	Kriterium 1 (K1) – Engpassempfindlichkeit	65
5.2.2.2	Kriterium 2 (K2) – Nicht erfüllbare Belegungswünsche	68
5.2.2.3	Kriterium 3 (K3) – Belegungsgrad	69
5.2.3	Ermittlung von potenziellen Engpässen für ein grobes Betriebsprogramm	69
5.2.4	Erkennung von signifikanten Engpässen für eine Verdichtungsstufe	71
5.2.5	Ablauf zur Lokalisierung von Engpässen mit Simulationsverfahren	71
5.2.6	Referenzbeispiel	74
5.3	Algorithmus zur Lokalisierung der tatsächlichen Engpassursachen	77
5.3.1	Kategorisierung von Behinderungen	78
5.3.2	Hintergrund und Grundkonzept	81
5.3.3	Suchalgorithmus zur Zuordnung von Engpassursachen	86
5.3.4	Ablauf der Lokalisierung von Ursachen	96
5.4	Kategorisierung von Engpassursachen	100
5.4.1	Ursachen in der Infrastrukturgestaltung	101
5.4.2	Ursachen im Betriebsprogramm	102

5.5	Vorschläge für Maßnahmen zur Beseitigung der Engpässe bzw. zur Minimierung von deren Wirkung	103
6	**Bewertungsverfahren für komplexe Gleisstrukturen**	**107**
6.1	Überblick	107
6.2	Strukturierung einer allgemeingültigen Leistungsuntersuchung	107
6.3	Ablauf des Bewertungsverfahrens für komplexe Gleisstrukturen	108
6.4	Darstellung der Ergebnisse mit der Bewertungssoftware PULEIV	111
7	Zusammenfassung	127

Abkürzungen 129

Formelzeichen 130

Glossar 133

Literaturverzeichnis 140

Anhang I: Methoden zur Engpassanalyse bei der Infrastrukturbemessung im Schienenverkehr 145

Anhang II: Einfluss des Betriebsprogramms und der Infrastrukturgestaltung auf die Entstehung von Engpässen im Schienenverkehr ...149

Anhang III: Ursachenbezogene Engpassbewertung in der Eisenbahnbetriebssimulation – DFG-Forschungsprojekt EPSUR ...155

Abbildungsverzeichnis

Abbildung 3-1: Aufteilung eines Beispielknotens in Fahrstraßenknoten und Gleisgruppe 26

Abbildung 3-2: Abgrenzung von TFK in einem Beispielknoten nach [Vakhtel 2002] 29

Abbildung 3-3: Mikroskopisches Knoten-Kanten-Modell eines Beispielbahnhofs 31

Abbildung 3-4: Infrastrukturmodellierung mit ungerichteten Belegungselementen – Basisstrukturen 33

Abbildung 3-5: Vergleich von TFK und Basisstruktur 34

Abbildung 3-6: Einfluss der Teilauflösung von Fahrstraßen bei der Infrastrukturmodellierung 35

Abbildung 3-7: Infrastrukturmodellierung mit gerichteten Belegungselementen – Fahrwegkomponenten 37

Abbildung 3-8: Attribute einer Fahrwegkomponente im Beispielbahnhof 38

Abbildung 3-9: Infrastrukturmodellierung in zwei Ebenen – Basisstrukturen und Fahrwegkomponenten 39

Abbildung 3-10: Schrittweise Modellierung einer Infrastruktur in zwei Ebenen - Basisstrukturen und Fahrwegkomponenten 40

Abbildung 4-1: Belegungszeit der Belegungselemente 47

Abbildung 4-2: Behinderung einer Zugfahrt auf einem Belegungselement 50

Abbildung 4-3: Engpassempfindlichkeit einer Fahrwegkomponente 51

Abbildung 4-4: Zuordnung der Fahrwegkomponenten mit Nicht erfüllbaren Belegungswünschen zu einer Basisstruktur 54

Abbildung 4-5: Einfluss des Behinderungsorts auf das Auftreten der behinderungsbedingten Wartezeiten (Behinderungen) – Fall A 56

Abbildung 4-6: Einfluss des Behinderungsorts auf das Auftreten der behinderungsbedingten Wartezeiten (Behinderungen) – Fall B 58

Abbildung 4-7: Verhältnis von Eingang- und Ausgangsbelastung (Quelle: [Martin et al. 2013]) 60

Abbildung 4-8: Leistungsuntersuchung zur Ermittlung des Optimalen Leistungsbereichs (Quelle: [Chu 2014]) 61

Abbildung 5-1: Verlauf der Engpassempfindlichkeit entlang des Fahrwegs 66

Abbildung 5-2: Verfahren zur Lokalisierung von Engpässen 73

Abbildung 5-3: Infrastruktur und Betriebsprogramm des Referenzbeispiels 74

Abbildung 5-4: Optimaler Leistungsbereich eines Beispielbahnhofs 75
Abbildung 5-5: Engpassrelevanzen und –signifikanzen eines Beispielbahnhofs..... 76
Abbildung 5-6: Kategorisierung von Behinderungen (Quelle: eigene Darstellung in [Li & Martin 2013]) 78
Abbildung 5-7: Behinderungen nach Häufigkeit (Quelle: Modifizierte eigene Darstellung in [Li & Martin 2013]) 79
Abbildung 5-8: Behinderungen nach Einflussweite (Quelle: Modifizierte eigene Darstellung in [Li & Martin 2013]) 80
Abbildung 5-9: Beispiel 1 – Ursachen befindet sich unmittelbar am Engpass (direkte Behinderung) 82
Abbildung 5-10: Beispiel 2 – Ursachen befindet sich unmittelbar am Engpass (indirekte Behinderung) 83
Abbildung 5-11: Beispiel 3 – Ursache befindet sich nicht unmittelbar an Engpässen aber verursacht die Behinderungen an Engpässen direkt 84
Abbildung 5-12: Beispiel 4 – Ursachen befinden sich nicht direkt an Engpässe – indirekte Behinderungen 85
Abbildung 5-13: Bestimmung der Art der auftretenden Behinderung 89
Abbildung 5-14: Bestimmung des behindernden Zugs Zbh für einen behinderten Zug Zk 90
Abbildung 5-15: Konflikte zweier Zugfahrten mit Soll-Sperrzeitentreppen 95
Abbildung 5-16: Ablauf des Suchalgorithmus 98
Abbildung 5-17: Ablauf der Zuordnung der belegungselementverursachten Behinderungen für eine Behinderung 99
Abbildung 5-18: Lokalisierung der Ursachen eines Engpasses im Beispielknoten .. 100
Abbildung 5-19: Ursachen von Engpass 1 106
Abbildung 6-1: Engpassanalyse bei einer Leistungsuntersuchung mit Simulationswerkzeugen (Quelle: Eigene Darstellung in [Martin et al. 2012]) 108
Abbildung 6-2: Ablauf eines allgemeingültigen Bewertungsverfahrens 109
Abbildung 6-3: Datenaufbereitung der Untersuchungsvariante im Simulationswerkzeug (Quelle: Eigener Screenshot RailSys) 112
Abbildung 6-4: Bearbeitung des Basisfahrplans in PULEIV (Quelle: Eigener Screenshot PULEIV) 113

Abbildung 6-5: Generierung von Fahrplänen verschiedener Verdichtungsstufen (Belastungen) (Quelle: Eigener Screenshot PULEIV) 114

Abbildung 6-6: Ermittlung der durchsatzbezogenen Leistungsfähigkeit und des Optimalen Leistungsbereichs in PULEIV (Quelle: Eigener Screenshot PULEIV) 115

Abbildung 6-7: Ermittlung der Verspätungskoeffizienten (Quelle: Eigener Screenshot PULEIV) 116

Abbildung 6-8: Verspätungskoeffizienten eines Fahrplans der Verdichtungsstufe 100% 117

Abbildung 6-9: Darstellung der Engpassrelevanzen und – signifikanzen in PULEIV 119

Abbildung 6-10: Lokalisierung der Ursachen von Engpass 1 120

Abbildung 6-11: Vergleich der Untersuchungsvarianten - Optimaler Leistungsbereich 122

Abbildung 6-12: Vergleich der Engpassrelevanzen der drei Untersuchungsvarianten 123

Abbildung 6-13: Engpasssignifikanzen der Untersuchungsvarianten bei der Verdichtungsstufe 100% 125

Tabellenverzeichnis

Tabelle 1: Einstufung von Engpässen nach den drei Kriterien K1, K2 und K3.......... 71

Tabelle 2: Engpassrelevanzen und –signifikanzen des Referenzbeispiels.............. 75

Tabelle 3: Ursachen und Maßnahmen zur Beseitigung von Engpässen............... 105

Tabelle 4: Gegenüberstellung der Ergebnisse der makroskopischen Bewertung der Untersuchungsvarianten... 122

1 Einleitung

Wirtschaftswachstum und Mobilität von Menschen und Gütern werden zumeist von einer Zunahme des Verkehrs begleitet. Nach weit über hundert Jahren Entwicklung der Eisenbahn in Deutschland liegt der Schwerpunkt zurzeit nicht mehr nur auf dem Neu- und Ausbau von Strecken sondern insbesondere zunehmend auch auf der Erhöhung der Leistungsfähigkeit der vorhandenen Eisenbahninfrastruktur. Hierzu ist die Leistungsfähigkeit des Eisenbahnnetzes durch Prozessoptimierung mit Hilfe von innovativen Leistungsuntersuchungen möglichst ohne größere Veränderung der Infrastruktur zu erhöhen. Zur Infrastrukturgestaltung und langfristigen Betriebsplanung in spurgeführten Verkehrssystemen gehören zwei wichtige Anforderungen. Einerseits ist die Infrastruktur so zu gestalten, dass die negativen Einflüsse auf die Betriebsdurchführung möglichst minimal sind und andererseits ist der Betrieb so zu planen, dass die Infrastruktur optimal ausgelastet wird.

Im spurgeführten Verkehrssystem werden die Betriebsqualität und Kapazität der Infrastruktur durch Engpässe im bestehenden Netz stark beeinflusst. Engpässe entstehen dabei häufig in Infrastrukturbereichen mit komplexen Gleisstrukturen. Diese können durch ungeeignete Nutzung der Infrastruktur oder mangelhafte Dimensionierung und Gestaltung der Infrastruktur verursacht werden. Zur Erhöhung der Infrastrukturkapazität und Verbesserung der Betriebsqualität sollen geeignete Maßnahmen ergriffen werden, um die Wirkung bestehender Engpässe gezielt zu entschärfen.

Die zwei Hauptaufgaben einer Engpassanalyse im Rahmen eisenbahnbetriebswissenschaftlicher Leistungsuntersuchungen bestehen darin, Engpässe im Untersuchungsraum exakt zu erkennen und deren Ursachen in der Infrastruktur sowie im Betriebsprogramm zu bestimmen. Darauf aufbauend können anhand der erkannten Ursachen geeignete Maßnahmen in der Infrastrukturgestaltung oder der Betriebsplanung abgeleitet werden.

Es existiert bereits eine Reihe von Methoden bzw. Verfahren, bei denen die **Wirkungen von Engpässen** in Form von Warteschlangen und Wartezeiten erkennbar und auswertbar sind. Die Infrastrukturelemente an denen Warteschlangen entstehen, sind jedoch oftmals selbst **nicht die Ursache des Engpasses**. Während es bei einfachen Infrastrukturen vergleichsweise leicht ist, die verursachenden Infrastruktu-

Einleitung

relemente direkt zu bestimmen, ist dies bei komplexen Teilnetzen mit heterogenen Betriebsprogrammen auf überschaubare Weise bislang nicht möglich. Bei komplexen Gleisstrukturen entstehen Engpässe nämlich oftmals nicht nur aus einer einzigen Ursache sondern aus dem Zusammenwirken der verschiedenen Verkehrskomponenten - Infrastruktur, Betriebsprogramm und Fahrzeuge. Aus diesem Grund ist die Bestimmung der tatsächlichen Ursachen nicht trivial.

Das Ziel des vorliegenden Forschungsprojekts besteht darin, komplexe Gleisstrukturen der Eisenbahninfrastruktur unter Berücksichtigung stochastischer Bedingungen zu bewerten, um so die **eigentlichen Ursachen für Engpässe** zu identifizieren. Dafür sollte ein neues Verfahren entwickelt und algorithmiert werden, um Engpässe präzise zu lokalisieren und deren Ursachen zuzuordnen.

Im Rahmen des Forschungsprojekts wurde ein neues Beschreibungsmodell für komplexe Gleisstrukturen entwickelt (Kapitel 3), das die ursachenbezogene Engpassanalyse mit Simulationsverfahren zielorientiert unterstützt. Darauf basierend wurden ausgewählte Kenngrößen (Kapitel4) für die nachfolgenden Bewertungsansätze berechnet. Im Rahmen der Zielsetzung des Projekts wurden neue Algorithmen zur exakten Lokalisierung von Engpässen und zur frühzeitigen Erkennung der Ursachen entwickelt (Kapitel5), um geeignete Maßnahmen Minderung der Engpasswirkung abzuleiten. Aufbauend auf diese Ergebnisse wurde das Bewertungsverfahren zur Leistungsuntersuchung weiterentwickelt (Kapitel 6), sodass eine komplexe Infrastruktur umfassend und aussagekräftig bewertet werden kann.

2 Engpassanalyse bei Leistungsuntersuchungen

2.1 Überblick

Die Engpassanalyse ist eine Teilaufgabe der eisenbahnbetriebswissenschaftlichen Leistungsuntersuchung. In diesem Kapitel werden relevante Grundbegriffe (Abschnitt 2.2) im Sinne der vorliegenden Arbeit und Untersuchungsmethoden aus zwei unterschiedlichen Aspekten (Abschnitte 2.3) zusammengefasst. Die offenen Fragen bei bereits existierenden Methoden, die den Anlass zu diesem Forschungsprojekt gaben, werden in Abschnitt 2.4 beschrieben.

2.2 Grundbegriffe

Belegungselement: Der Begriff „Belegungselement" bezieht sich in der vorliegenden Forschungsarbeit auf Teile der befahrbaren Infrastruktur. Ein Belegungselement kann gerichtet (z.B. Fahrstraße) oder ungerichtet (z.B. Strecke oder Teilstrecke) sein. In Kapitel 3.4 werden verfeinerte Begriffe („Basisstruktur" als ungerichtetes und „Fahrwegkomponente" als gerichtetes Belegungselement) eingeführt.

Betriebsprogramm: Im Sinne eisenbahnbetriebswissenschaftlicher Leistungsuntersuchungen ist das Betriebsprogramm die umfassende Beschreibung von Betriebsvorgängen und den an diesen Vorgängen beteiligten Verkehrseinheiten, je nach erforderlichem Detaillierungsgrad und Aufgabenstellung. Die wichtigsten Merkmale eines Betriebsprogramms sind z.B.

- Menge der Verkehrseinheiten
- Struktur, Reihenfolge, Eigenschaften und Verhältnis der Verkehrseinheiten zueinander
- zeitliche Verteilung der Verkehrseinheiten

Zugmix: Struktur des Betriebsprogramms, die die Eigenschaften der Modellzüge und das anteilige Verhältnis der Zugzahl jeder Gruppe (Zugfamilie) umfasst. In der vorliegenden Forschungsarbeit wird der „Zugmix" auch als „grobes Betriebsprogramm" bezeichnet.

Fahrplan: In [Pachl 2011] wird der Fahrplan als „vorausschauende Festlegung des Fahrtverlaufs der Züge hinsichtlich Verkehrstage, Fahrzeiten, zulässige Geschwindigkeiten und zu benutzender Fahrwege" definiert. Der Fahrplan kann auch als die betriebliche Realisierung des Betriebsprogramms verstanden werden.

Betriebsqualität: „Qualität des Betriebs". Die Qualität ist im jeweiligen Einzelfall über das Zusammenwirken der unterschiedlichen Qualitätsaspekte zu beurteilen [DB Netz AG 2008].

Kenngrößen: Messbare, berechenbare oder mit Hilfe von rechnerunterstützten Tools ermittelbare Größen, mit denen eine Untersuchungsvariante bei Leistungsuntersuchungen z. B. Teilnetz oder Eisenbahnknoten, quantitativ oder qualitativ bewertet werden kann.

Leistungsverhalten: In [Pachl 2011] wird das Leistungsverhalten als die Beschreibung des Zusammenhangs zwischen drei Größen: Belastung (bei gleichbleibender Struktur des Betriebsprogramms), Betriebsqualität und Bahnanlagen definiert. Aus zwei Größen als Eingangsgrößen lässt sich dabei die dritte als Ausgangsgröße ermitteln.

Belastung: Auch Leistungsanforderung genannt, ist die Anzahl der Zugfahrten pro Zeitintervall im Untersuchungsraum.

Behinderung: Behinderungen entstehen, wenn an einem Belegungselement zu einem Zeitpunkt mehr Anforderungen als Fahrmöglichkeiten vorliegen und deshalb eine Forderung nicht sofort erfüllt werden kann.

Untersuchungsraum: Ein abgegrenzter Abschnitt der Infrastruktur, für den die Leistungsuntersuchung durchgeführt wird.

Untersuchungszeitraum: Zeitraum, für den die Leistungsuntersuchung durchgeführt wird.

Engpass: Eine eindeutige Definition für den Begriff „Engpass" ist nicht vorhanden, da die Definition meistens im Zusammenhang mit der Aufgabestellung und dem Bewertungsverfahren steht.

- Definition in [DB Netz AG 2008]: **Engpass** ist „maßgebendes Netzelement für das Leistungsverhalten, dessen Nutzungsgrad[1] der Nennleistung[2] im mangelhaften Bereich der Qualität liegt".
- Definition in der vorliegenden Forschungsarbeit ([Hantsch & Li et al. 2013]): Ein Infrastrukturabschnitt (ein ungerichtetes Belegungselement oder Kombination von mehreren benachbarten ungerichteten Belegungselementen) ist dann ein **Engpass**, wenn andere Fahrten wegen der Belegung auf diesem Infrastrukturabschnitt so stark beeinträchtigt werden, dass der Betrieb auf benachbarten Abschnitten behindert und damit die Betriebsqualität negativ beeinflusst wird, d.h. dieser Infrastrukturabschnitt wirkt betriebsbehindernd.

Eisenbahnknoten: Bahnhöfe, in denen mindestens zwei Strecken oder Abzweigstellen miteinander verknüpft sind. Eisenbahnknoten werden in der eisenbahnbetrieblichen Fachwelt oftmals vereinfacht als „Knoten" bezeichnet. In der vorliegenden Arbeit wird der Begriff „Eisenbahnknoten" zur Unterscheidung vom Begriff „Knoten" bei der Infrastrukturmodellierung verwendet.

2.3 Methodik bei Leistungsuntersuchungen

2.3.1 Überblick

Eisenbahnbetriebswissenschaftliche Leistungsuntersuchungen können sowohl für die Infrastrukturgestaltung und –bemessung als auch für die Betriebsplanung während aller zeitlichen Planungsphasen angewandt werden. Eine der wichtigsten Aufgaben von Leistungsuntersuchungen ist die Ermittlung des Leistungsverhaltens einer Infrastruktur bei einem gegebenen Betriebsprogramm. Ziel der Leistungsuntersuchungen ist u.a. die Verbesserung des Leistungsverhaltens durch Optimierung der

---

[1] Nutzungsgrad: Quotient aus Belastung und Nennleistung

[2] Nennleistung ist nach DB Netz AG 2008 „die in einem Netzelement durch die Organisation des Zugbetriebes auf dessen betrieblicher Infrastruktur, bei vorgegebener Struktur des Betriebsprogramms, während des Betriebsablaufes mit einer definierten Qualität und bei wirtschaftlich optimaler Auslastung unter Wahrungaufgaben- und streckenstandard spezifischer Nutzungsvorgaben verarbeitbare Anzahl von Zug- und Rangierbewegungenin einem bestimmten Untersuchungszeitraum, wobei das Verhältnis der Zugfolgefälle untereinanderdem der Ermittlung unterstellten Belastungentspricht." Die Nennleistung befindet sich im Optimalen Leistungsbereich.

Infrastruktur oder/und des Betriebsprogramms. Die Engpassanalyse ist ein wichtiger Bestandteil der Leistungsuntersuchungen, um Belegungselemente und Ursachen zu bestimmen, durch die das Leistungsverhalten negativ beeinflusst wird und um anschließend geeignete Optimierungsmaßnahmen gezielt abzuleiten. In Abhängigkeit von der konkreten Aufgabenstellung und dem dafür eingesetzten Softwarewerkzeug werden Leistungsuntersuchungen mit verschiedenen eisenbahnbetriebswissenschaftlichen Methoden und unterschiedlichem Detaillierungsgrad durchgeführt.

Es gibt eine Reihe von Verfahren bzw. Ansätzen zur Leistungsuntersuchung und Engpassanalyse, die allgemein auf zwei grundsätzlichen Methoden beruhen: die analytische und die simulative Methode. Die Untersuchung von Eisenbahnknoten ist sowohl mit der analytischen Methode als auch mit Simulationen möglich. Für die Beschreibung des Leistungsverhaltens ist die Wartezeit bei beiden Methoden die maßgebende Kenngröße zur Bewertung der Betriebsqualität.

2.3.2 Analytische Methode

Bei der analytischen Methode erfolgt die Ermittlung von Wartezeiten auf Grundlage der Bedienungstheorie (auch Warteschlangentheorie genannt). Der Untersuchungsraum (Infrastruktur) wird in einem Bedienungssystem modelliert. Eine geschlossene analytische Leistungsuntersuchung ist nur bei einer Strecke möglich, da eine Strecke (richtungsweise) unkompliziert in mehrere Teilstrecken aufzuteilen ist, die ein einkanaliges Bedienungssystem darstellen. Anhand gegebener Infrastrukturdaten, Eigenschaften der Modellzüge und des Betriebsprogramms (Häufigkeit der Zugfolgefälle) kann die mittlere Mindestzugfolgezeit und der verkettete Belegungsgrad berechnet werden. Mit eingegebenen Einbruchsverspätungen wird der Erwartungswert der Wartezeiten berechnet [Pachl 2011]. Die Betriebsqualität wird anhand der beiden Kenngrößen, verketteter Belegungsgrad und der Erwartungswerte der Wartezeiten, bewertet. Die Teilstrecken, deren Betriebsqualitäten im mangelhaften Bereich liegen, werden als Engpässe identifiziert [Vakhtel 2002; Wendler et al. 2002]. Im Vergleich zu Strecken nimmt die Anzahl der Zugfolgefälle in einem Eisenbahnknoten aufgrund komplexer Gleisstrukturen und Fahrtmöglichkeiten überproportional zu. Daher ist die reine mathematische Berechnung für Eisenbahnknoten in einer ganzheitlichen Betrachtung ohne unverhältnismäßig großen Modellierungsaufwand nicht möglich. Um die Berechnung mit der analytischen Methode bei der Untersuchung von Eisenbahnknoten zu ermöglichen, muss ein Eisenbahnknoten in kleinere Bedienungsstellen zerlegt werden. Bei analytischen Verfahren wird ein Eisenbahnknoten nach der Funktionalität in Gesamtfahrknoten (GFK) und Gleisgruppen sowie deren Verbindungen modelliert. Eine solche vereinfachte Modellierung kann nur für eine grobe Evaluation eines Eisenbahnnetzes verwendet werden und ist in der Praxis für die detaillierte Lokalisierung der Schwachstellen in der Infrastruktur nur stark eingeschränkt nutzbar. Aus diesem Grund wurde die Unterteilung eines GFKs in Teilfahrstraßenknoten (TFK) in [Schwanhäußer 1978] vorgeschlagen. Ein TFK wird nach der Bedienungstheorie als einkanalige Bedienungsstelle betrachtet, in der maximal eine Fahrmöglichkeit zu einem Zeitpunkt stattfinden kann. Bei der Engpassanalyse durch die analytische Methode werden TFK als Engpässe identifiziert, an denen hohe Wartezeiten entstehen und deren Qualitätsfaktor nicht der gewünschten Qualitätsnorm entsprechen. Die Infrastrukturmodellierung mit TFK nach [Vakhtel 2002] wird in Abschnitt 3.1 beschrieben.

2.3.3 Simulative Methode

Seit der Entwicklung der Rechentechnik werden Simulationsverfahren auch immer häufiger bei Leistungsuntersuchungen eingesetzt. Simulationsverfahren sind bei Leistungsuntersuchungen für Infrastrukturen mit komplexen Gleisstrukturen von Vorteil, da die Berechnung mit analytischen Verfahren für solche vielschichtigen Infrastrukturen wegen des sehr hohen Aufwands kaum möglich ist. Die simulative Methode ermöglicht es, alle Teile des Eisenbahnknotens (Fahrstraßenknoten, Gleisgruppen und Teilstrecken) in eine Untersuchung einzubeziehen und dabei den Betriebsablauf detailliert nachzubilden. Darüber hinaus können dispositive Maßnahmen und ihre Auswirkungen abgebildet und untersucht werden[3].

Simulationsverfahren sind experimentelle Methoden, bei denen sich die Kennwerte aus mehreren „Betriebsversuchen" ergeben. Bei diesen Verfahren wird ein vorgegebenes Betriebsprogramm (Fahrplan) auf einer Infrastruktur in Simulationswerkzeugen realitätsnah abgebildet. Für jede Simulation werden verschiedene Kennwerte der

---

[3] Gemäß der Aufgaben- und Zielstellung der Untersuchung im Rahmen des vorliegenden Forschungsprojekts werden die Auswirkungen von dispositiven Maßnahmen hier nicht berücksichtigt.

Betriebsqualität (z.B. Wartezeit) für die entsprechende Belastung als Ergebnisse generiert. Die Bewertung erfolgt nach einer hinreichenden Anzahl von Simulationen.

Mit Simulationsverfahren kann der Betrieb komplexer Infrastrukturen auch realitätsnah abgebildet werden. Es gibt zahlreiche Möglichkeiten, die Betriebsqualität der Infrastruktur zu bewerten. So können auch zufällige Störungen verschiedener Arten sehr detailliert in der Betriebsdurchführung/Simulation eingefügt werden. Dies ist bei analytischen Verfahren so nicht möglich.

Simulationsverfahren werden in der Praxis oftmals auch für die Feinoptimierung der Infrastruktur und der Betriebsprogramme verwendet. Bei Leistungsuntersuchungen komplexer Infrastrukturen haben Simulationsverfahren gegenüber analytischen Verfahren Vorteile, da bei letzteren eine genaue mathematische Berechnung nicht möglich ist. Um eine Lösung für komplexe Infrastrukturen mit analytischen Verfahren zu berechnen, muss das Modell daher stark vereinfacht werden, wodurch es zu großen Ungenauigkeiten kommen kann.

Statistisch gesicherte Ergebnisse können sich nur aus zahlreichen Simulationen ergeben, die mitunter einen erheblichen Zeitaufwand erfordern. Weil diese Einschränkung nicht auf theoretischen Bewertungsansätzen sondern technischen Beschränkungen beruht, wird die damit einhergehende Limitierung durch die rasante Entwicklung der Rechentechnik weitgehend aufgehoben. Bei Simulationsverfahren spielt die Modellierung der Infrastruktur und des Eisenbahnbetriebs eine wichtige Rolle. Die zielorientierte Abbildung der Realität im Modell beeinflusst direkt die Ergebnisse der Untersuchung.

Nach unterschiedlichen Anwendungen sind Simulationen in **Fahrplansimulation (auch Einfachsimulation genannt)** und **Betriebssimulation (auch Mehrfachsimulation genannt)** zu unterscheiden. Mit einer **Fahrplansimulation** wird ein bestehender Fahrplan simuliert, sodass eventuell vorhandene Konflikte ermittelt und behoben werden können. Diese Konflikte manifestieren sich in Form von außerplanmäßigen Wartezeiten, welche jedoch bei konfliktfreien Fahrplänen nicht auftreten. Bei der **Betriebssimulation** wird ein vorhandener Fahrplan mit Störungen belegt. Entstehende Konflikte zwischen Fahrplantrassen und eventuell auftretenden Auflösungen von Verknüpfungen zwischen Zügen können zu Folgeverspätungen führen. Da die Störungen auf statistischen Verteilungen beruhen, werden mehrere Fahrpläne mit zufälligen Störungen simuliert ([Martin et al. 2014]). Aus der Zusammenfassung aller Simulationen können die tatsächlich auftretenden Verspätungen (Ur- und Folgeverspätungen) quantifiziert werden. Mittels Betriebssimulationen werden Verspätungskoeffizienten ermittelt, die die Betriebsqualität von Schienennetzen in Abhängigkeit von Infrastruktur, Fahrplan und Urverspätungen beschreiben. Die zugehörige globale Kenngröße „Verspätungskoeffizient" weist Engpässe nicht direkt aus, wird jedoch von Engpässen stark beeinflusst.

Für die Bewertungsansätze zur mikroskopischen Engpassanalyse im Rahmen der vorliegenden Arbeit ergeben sich die Aussagen aus der Bewertung von Simulationsergebnissen der Fahrpläne verschiedener Verdichtungsstufen. Diesbezüglich werden **Fahrplansimulationen** durchgeführt.

2.4 Zielsetzung

Da das Ziel der Forschungsarbeit darin bestand, betriebsbehindernde Engpässe im Eisenbahnnetz zu lokalisieren und deren Ursachen zu identifizieren, wurde eine entsprechende zielorientierte Untersuchungsmethode gewählt. Nach Gegenüberstellung verschiedener Methoden der Leistungsuntersuchungen wurde die simulative Methode aufgrund der hohen Berechnungskomplexität für die komplexen Gleisstruktur in Eisenbahnknoten für die ursachenbezogene Engpassanalyse im Rahmen dieser Forschungsarbeit verwendet. Darüber hinaus kann bei simulativen Verfahren das Zusammenwirken der einzelnen Zugläufe besser beobachtet und verfolgt werden.

Nachdem die Modellauswahl festgelegt war, stellte sich die Frage, mit welchen Kenngrößen Engpässe dargestellt werden können. Dazu wurde eine geeignete Infrastrukturmodellierung gewählt, mit der die Kenngrößen ermittelbar sind. In den folgenden Abschnitten werden verschiedene vorhandene mikroskopische Beschreibungsmodelle mit dem neuentwickelten Beschreibungsmodell der vorliegenden Forschungsarbeit verglichen und gezeigt, warum das neue Beschreibungsmodell für die ursachenbezogene Engpassanalyse in besonderem Maße geeignet ist.

3 Beschreibungsmodell für komplexe Gleisstrukturen

3.1 Überblick

Ein wichtiges Unterscheidungsmerkmal von Eisenbahnknoten im Vergleich mit freien Strecken ist die komplexe Gleisstruktur, die zu einer großen Anzahl von Fahrtmöglichkeiten und komplexen Fahrtabhängigkeiten führt. Zur Bewertung von Engpässen in Eisenbahnknoten werden geeignete Kenngrößen ausgewählt und berechnet. Um aussagekräftige Ergebnisse zu gewinnen, ist es erforderlich die verflochtene Infrastruktur von Eisenbahnknoten zielorientiert zu unterteilen und zu modellieren. In diesem Kapitel werden vorhandene Beschreibungsmodelle von Eisenbahnknoten analysiert und gegenübergestellt (Abschnitt 3.2). Da die Ziele des Forschungsprojekts mit den vorhandenen Beschreibungsmodellen nicht zu erreichen sind, wurde ein neues Beschreibungsmodell bedarfsgerecht entwickelt, das in den Abschnitten 3.4.1, 3.4.2 und 3.4.3 beschrieben wird.

3.2 Vorhandene Beschreibungsmodelle

Bei Leistungsuntersuchungen im spurgeführten Verkehr kann eine zu untersuchende Infrastruktur je nach Aufgabenstellung in makroskopischen, mesoskopischen und mikroskopischen Modellen abgebildet werden. Auf makroskopischer Ebene wird ein Eisenbahnknoten als Ganzes betrachtet, wodurch Engpässe im Detail nicht zu sehen sind. In der mesoskopischen Ebene werden die gesamten Fahrstraßenknoten (z.B. Bahnhofkopf) als Knoten, die durch Gleisgruppen miteinander verknüpft sind, abgebildet. Dadurch können Engpässe höchstens Fahrstraßenknoten oder Gleisgruppen zugeordnet werden, sodass nur eine sehr grobe Bewertung möglich ist. Aus diesem Grund sind makroskopische und mesoskopische Infrastrukturmodellierungen nicht zielführend. Dementsprechend werden nachfolgend die mikroskopischen Infrastrukturmodelle schwerpunktmäßig diskutiert. Anhand einer Überprüfung der Anwendbarkeit der vorhandenen Infrastrukturmodelle lässt sich ermitteln, ob die Entwicklung eines neuen Beschreibungsmodells notwendig ist.

3.2.1 Fahrstraßenknoten – Gleisgruppen

Bei einer groben Infrastrukturbemessung wird ein Bahnhof in Fahrstraßenknoten und Gleisgruppen aufgeteilt (Abbildung 3-1) [Pachl 2011].

- Ein Fahrstraßenknoten ist der durch entgegengesetzt gerichtete Hauptsignale begrenzte Gleisbereich, in dem die in den Eisenbahnknoten einmündenden Strecken physisch miteinander verbunden sind.
- Eine Gleisgruppe ist die Anlage zwischen Fahrstraßenknoten, die Bahnsteig-, Durchfahr- und Überholungsgleise sowie Behandlungsgleise umfasst, in denen die über den Bahnhof führenden Linien durch verkehrliche und betriebliche Funktionalitäten in Form von Behandlungs- und Abfertigungsprozessen miteinander verknüpft sind.

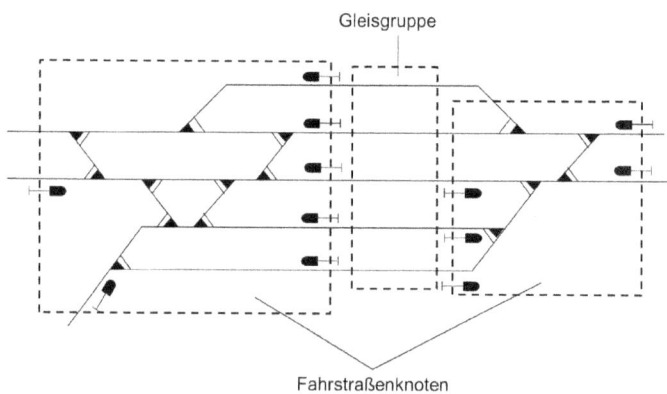

Abbildung 3-1: Aufteilung eines Beispielknotens in Fahrstraßenknoten und Gleisgruppe

Die Aufteilung eines Eisenbahnknotens in Fahrstraßenknoten und Gleisgruppen wird bei der Untersuchung von Eisenbahnknoten mit analytischen Verfahren genutzt, wobei Fahrstraßenknoten als „Bedienungsstellen" und Gleisgruppen als „Warteräume" betrachtet werden. Ein mehrkanaliger Fahrstraßenknoten wird in einkanalige Teilfahrstraßenknoten weiter zerlegt (Abschnitt 3.2.2), um das auf der Warteschlangentheorie basierende Berechnungsverfahren (siehe Abschnitt 2.3.2) analog zu Strecken verwenden zu können.

In diesem Modell wird ein Eisenbahnknoten nach der Funktionalität in Fahrstraßenknoten und Gleisgruppen aufgeteilt. Für die Bewertung wird die gesamte Wartezeit aus allen Zugfahrten, die vor einem Fahrstraßenknoten warten, ermittelt. Die Wartezeit in einem Fahrstraßenknoten kann entweder mittels Simulationsergebnissen erfasst oder mit analytischen Verfahren hochgerechnet werden. Da ein Fahrstraßenknoten sehr komplexe Fahrtmöglichkeiten enthalten kann, ist es nur mit grober Berechnung der gesamten Wartezeit nicht möglich, die Behinderungen in einzelner Fahrten oder in Infrastrukturabschnitten innerhalb des Fahrstraßenknotens zu identifizieren. Daher ist das mesoskopische Modell mit Fahrstraßenknoten und Gleisgruppen für die ursachenbezogene Engpassanalyse nicht zielführend. Zweckmäßigerweise soll für die Zielstellung der vorliegenden Forschungsarbeit eine mikroskopische Infrastrukturmodellierung eingesetzt werden. Im Folgenden werden zwei vorhandene mikroskopische Infrastrukturmodelle vorgestellt.

3.2.2 Teilfahrstraßenknoten (TFK)

Wie bereits erwähnt, wird ein Eisenbahnknoten bei analytischen Methoden in mehrere einkanalige Bedienungsstellen – Teilfahrstraßenknoten (TFK) – aufgeteilt, um die Bedienungstheorie auch für die Untersuchung von komplexen Eisenbahnknoten einsetzen zu können.

So wird ein TFK nach der Bedienungstheorie als einkanalige Bedienungsstelle betrachtet, in der maximal eine Fahrtmöglichkeit zu einem Zeitpunkt stattfinden kann. Bei der Leistungsuntersuchung mit TFK gelten folgende Annahmen:

- Ein TFK umfasst die benachbarten Weichen nach vordefinierten Kriterien. Die Gleise mit Haltepositionen gehören nicht zu den TFK. Nach der Bedienungstheorie sind TFK Bedienungsstellen und Gleise Warteräume. Um einen Verlust der Züge im System zu vermeiden, werden bei analytischen Verfahren die Warteräume als unendlich betrachtet, d.h. es können unendlich viele Züge auf den Gleisen warten.
- Um die Annahme der unendlichen Warteräume zu ermöglichen, sollen im analytischen Modell keine Abhängigkeiten zwischen den TFK bestehen. Jeder TFK wird als eigenständiges Bedienungssystem untersucht. Die verketteten Belegungen und Behinderungen können deswegen nicht ermittelt werden.
- Standorte der Hauptsignale werden für die Abgrenzung der TFK nicht berücksichtigt.

Mit dem am häufigsten verwendeten Verfahren zur infrastrukturbezogen Abgrenzung von TFK nach [Vakhtel 2002] und [DB Netz AG 2008] werden TFK bei der Untersuchung von Eisenbahnknoten mit analytischen Methoden durch die folgenden Weichenkombinationen abgegrenzt:

- Weichenanfang an Weichenanfang oder an Kreuzung(sweiche): Die Weichen bzw. Weiche und Kreuzung(sweiche) gehören zu denselben TFK.
- Weichenanfang an Weichenende: Die Weichen gehören zu denselben TFK.
- Weichenende an Weichenende und abzweigende Stränge in verschiedene Richtungen: Die Weichen gehören zu verschiedenen TFK.
- Weichenende an Weichenende und abzweigende Stränge in dieselbe Richtung ohne Ausschluss im Nachbargleis: Die Weichen gehören zu verschiedenen TFK.
- Weichenende an Kreuzung(sweiche) ohne Ausschluss im Nachbargleis: Die Weichen gehören zu verschiedenen TFK.
- Weichenende an Weichenende und abzweigende Stränge in dieselbe Richtung mit Ausschluss im Nachbargleis: Die Weichen gehören zu denselben TFK.
- Weichenende an Kreuzung(sweiche) mit Ausschluss im Nachbargleis: Die Weichen gehören zu denselben TFK.

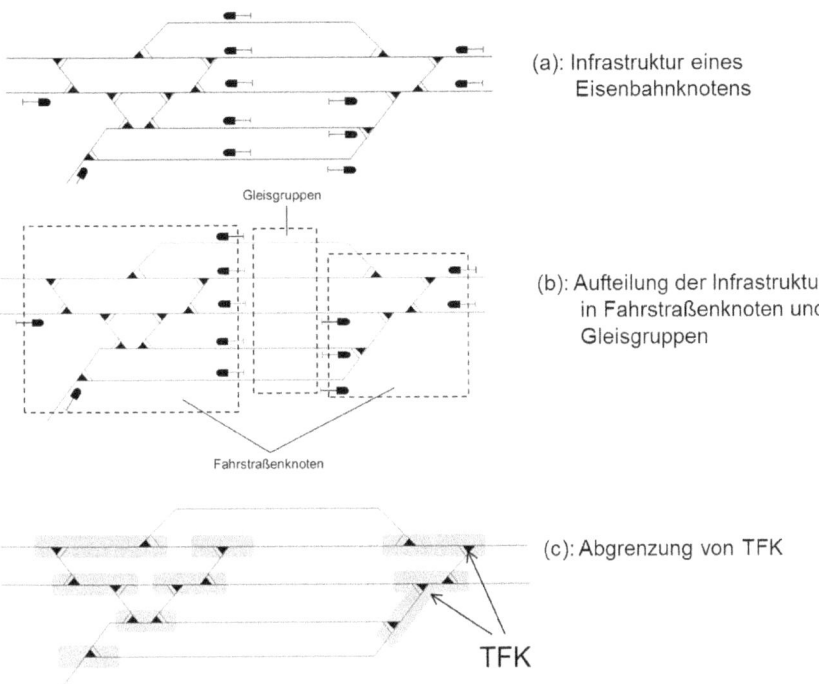

Abbildung 3-2: Abgrenzung von TFK in einem Beispielknoten nach [Vakhtel 2002]

In Abbildung 3-2 wird ein Beispielbahnhof (a) in Fahrstraßenknoten und Gleisgruppe grob aufgeteilt (b). Die Fahrstraßenknoten werden weiterhin nach den obengenannten Regeln in TFK (graue Hinterlegungen in (c)) fein modelliert.

Mit Teilfahrstraßenknoten wird ein Eisenbahnknoten zwar mikroskopisch modelliert, jedoch die Infrastrukturabschnitte in Gleisbereichen werde dabei nicht berücksichtig, aufgrund der Annahme, dass keine Wartezeiten in Teilfahrstraßenknoten auftreten. Diese Annahme gilt aber nicht bei überlasteten Eisenbahnknoten, die im realen Betrieb auftreten. Weiter beschränkt sich dieses Modell auf die Untersuchung von Eisenbahnknoten, sodass bei Betrachtung eines großen Untersuchungsraums Strecken und Eisenbahnknoten innerhalb dieses Untersuchungsraums unterschiedlich modelliert werden müssen.

3.2.3 Mikroskopisches Infrastrukturmodell nach Radtke

Nach [Radtke 2008] kann eine Infrastruktur in einem gerichteten Knoten-Kanten-Graphen modelliert werden. Bei der mikroskopischen Modellierung wird die Infrastruktur möglichst detailliert abgebildet. Knoten sind unzerlegbare physikalische Infrastrukturelemente und umfassen Signale, Weichen, Messpunkte, usw. Kanten sind hingegen befahrbare Teile der Infrastruktur, die die Knoten verbinden (vgl. Abbildung 3-3).

Dieses Infrastrukturmodell wird in dem von der Firma RmCon entwickelten Simulationswerkzeug Railsys [RMCon 2010] zur mikroskopischen Infrastrukturabbildung eingesetzt. Dadurch kann eine Infrastruktur hinreichend genau modelliert werden, um Betriebsprozesse möglichst realitätsnah beschreiben zu können. Darüber hinaus ermöglichen die durch Simulationen gewonnenen detaillierten Informationen die Datenanalyse für Leistungsuntersuchungen mit simulativen Methoden.

Für die Bewertung von Engpässen kann dieses mikroskopische Modell nicht direkt verwendet werden, da die Engpässe nur anhand der erfassten diskreten Informationen aus der Simulation nicht dargestellt werden können. Aus diesem Grund wird ein geeignetes mikroskopisches Infrastrukturmodell für die Engpassanalyse mit Simulationsverfahren benötigt, das die Transformation von diskreten Simulationsdaten zu bewertbaren Kenngrößen ermöglicht.

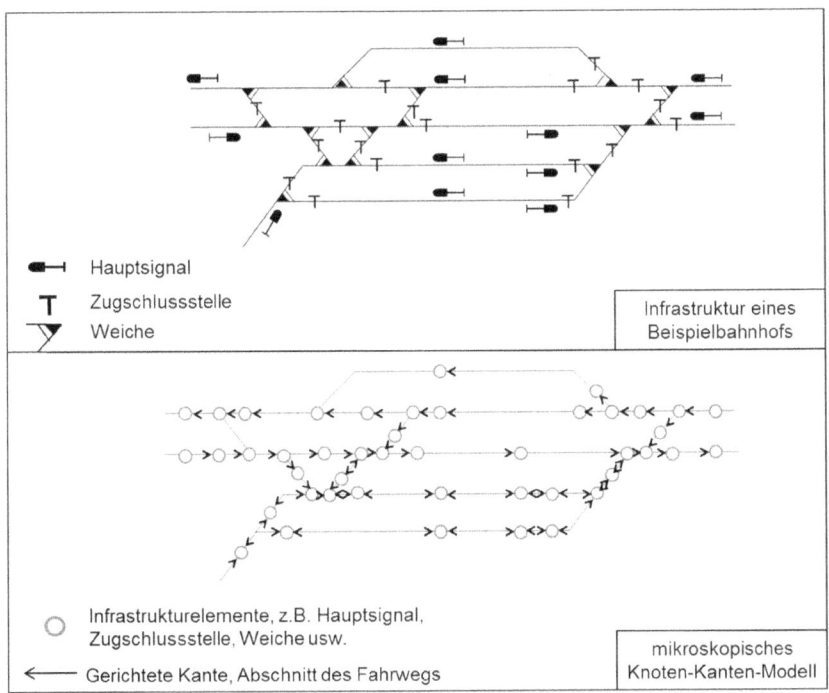

Abbildung 3-3: Mikroskopisches Knoten-Kanten-Modell eines Beispielbahnhofs

3.3 Zielsetzung der Infrastrukturmodellierung bei der Engpassanalyse

Für die Berechnung der Kapazität einer Infrastruktur und die Bewertung ihrer Betriebsqualität wurde als Voraussetzung ein angepasstes Beschreibungsmodell entwickelt. Existierende Beschreibungsmodelle der Eisenbahninfrastruktur in verschiedenen Untersuchungsmethoden (z.B. Teilfahrstraßenknoten in analytischen Verfahren) wurden zuvor analysiert, einander gegenübergestellt und in Bezug auf die Nutzbarkeit für die erwarteten Ergebnisse überprüft. Da die nachfolgend beschriebenen Bedingungen durch die existierenden Beschreibungsmodelle nur teilweise erfüllt werden, wurde im Rahmen dieses Projekts ein neues Beschreibungsmodell entwickelt, mit dem eine Infrastruktur auf zwei Ebenen – **Basisstrukturen** und **Fahrwegkomponenten** - modelliert wird (vgl. [Martin et al. 2012]).

Eine Eisenbahninfrastruktur wird mit diesem Beschreibungsmodell folgendermaßen modelliert (detaillierte Beschreibung in Abschnitten 3.4.1 und 3.4.2):

- Fahrtrichtungsunabhängige Modellierung – unabhängig von den Fahrwegen wird die Infrastruktur in **ungerichtete Belegungselemente** unterteilt, mit deren Hilfe Engpässe lokalisiert werden können.

- Fahrtrichtungs- und fahrwegbezogene Modellierung – die Ursachenfindung ist komplex und nicht überschaubar, da Engpässe oftmals durch Zusammenwirken der Gleisstruktur und der Zugfahrten in und aus verschiedenen Fahrtrichtungen entstehen. Aus diesem Grund wird die Infrastruktur zusätzlich durch **gerichtete Belegungselemente** modelliert, um die Ursachenfindung entlang des Fahrtverlaufs der einzelnen Züge zu ermöglichen. Die Berechnung der Kenngrößen für das weiterführende Bewertungsverfahren beruht ebenfalls auf den gerichteten Belegungselementen.

Für die ursachenbezogene Engpassanalyse bei eisenbahnbetriebswissenschaftlichen Leistungsuntersuchungen mit Simulationsverfahren erfüllt das neu entwickelte Beschreibungsmodell folgende Bedingungen:

1. Exakte Lokalisierung von Engpässen
2. Feststellung der tatsächlichen Ursachen, die die Engpässe auslösen, indem die Verspätungen (Behinderungen) im Fahrtverlauf analysiert werden.
3. Automatische und eindeutige Aufteilung der Infrastruktur bei der Anwendung in Simulationsverfahren

3.4 Das neue Beschreibungsmodell

3.4.1 Basisstruktur - ungerichtetes Belegungselement

3.4.1.1 Definition und Abgrenzung

Im Rahmen des Forschungsprojekts wurde die simulative Methode für das Bewertungsverfahren eingesetzt. Nach der Gegenüberstellung von verschiedenen Infrastrukturmodellen und ihren Anwendungsgebieten sowie unter Berücksichtigung der Eigenschaften der simulativen Methoden, wird eine neue Aufteilung der Infrastruktur für die angestrebte Zielstellung entwickelt. Eine Infrastruktur wird demnach im neuen Modell zunächst in ungerichtete Infrastrukturabschnitte aufgeteilt.

Beschreibungsmodell für komplexe Gleisstrukturen

Definition: Eine **Basisstruktur** ist ein zusammenhängender Teil der befahrbaren Infrastruktur (farblich hinterlegte ungerichtete Infrastrukturabschnitte in Abbildung 3-2), der als ungerichtetes Belegungselement in allen Richtungen entweder durch

- das nächstliegende Signal,
- die nächstliegende Signalzugschlussstelle (SZS),
- die nächstliegende Fahrstraßenzugschlussstelle (FZS) oder
- den Rand des Untersuchungsraums

begrenzt wird (s.a. [Martin et al. 2012]).

Eine Basisstruktur ist demzufolge so modelliert, dass sie zu einem bestimmten Zeitpunkt maximal durch eine Zugfahrt belegt werden kann. In Abbildung 3-4 wird der aus Abbildung 3-2 bekannte Beispielknoten in Basisstrukturen aufgeteilt. Um diesen mit anderen Infrastrukturmodellen zu vergleichen, werden die Basisstrukturen des Beispielknotens nach Funktionalitäten in einem Bahnhof (Knoten) farblich unterschiedlich dargestellt. Dabei stellen die grünen Hinterlegungen Basisstrukturen im Weichenbereich und die rosa Hinterlegungen Basisstrukturen im Gleisbereich dar.

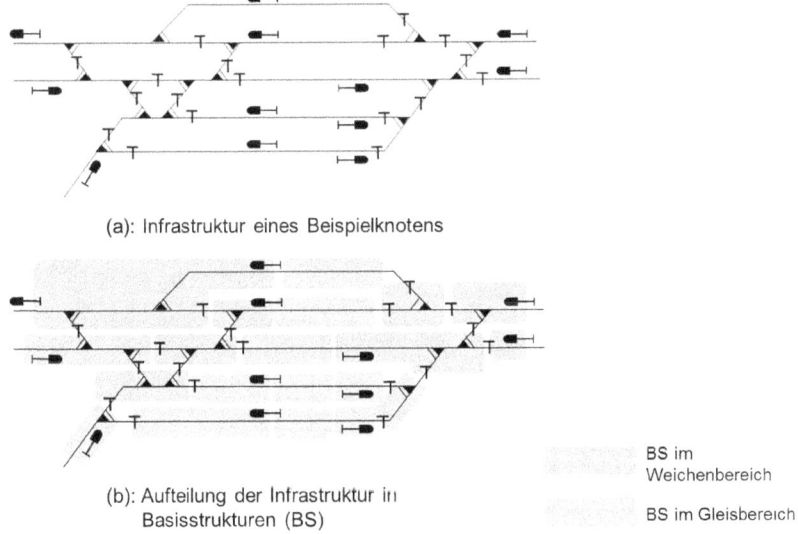

(a): Infrastruktur eines Beispielknotens

(b): Aufteilung der Infrastruktur in Basisstrukturen (BS)

BS im Weichenbereich

BS im Gleisbereich

Abbildung 3-4: Infrastrukturmodellierung mit ungerichteten Belegungselementen – Basisstrukturen

3.4.1.2 Vergleich mit Teilfahrstraßenknoten

Ähnlich wie Fahrstraßenknoten bei analytischen Methoden stellen Basisstrukturen zwar auch einkanalige Bedienungsstellen dar, allerdings sind die beiden Modelle unterschiedlich konzipiert. Nachfolgend wird die Infrastrukturaufteilung in Basisstrukturen mit der vorhandenen mikroskopischen Infrastrukturmodellierung in Teilfahrstraßenknoten verglichen. Der Beispielknoten wurde in Abbildung 3-5 jeweils mit TFK (a) und Basisstrukturen (b) modelliert. Die Unterschiede zwischen den beiden Modellen sind im Folgenden zusammengestellt:

- Teilfahrstraßenknoten wurden ursprünglich für analytische Methoden konzipiert, die von der Bedienungstheorie ausgehen. Die Basisstrukturen eignen sich hingegen eher für simulative Methoden, wobei umfangreichere infrastrukturelle und betriebliche Informationen abgebildet werden. Aufgrund des methodischen Unterschieds variiert die Genauigkeit der zugrunde liegenden Infrastrukturdaten bei beiden Modellen. Bei der Modellierung in TFK ist nur der Spurplan zugrunde gelegt, wohingegen Signalstandorte und Zugschlussstellen, die entscheidende Infrastrukturelemente für die Fahrstraßenbildung und –auflösung sind, nicht berücksichtigt werden.

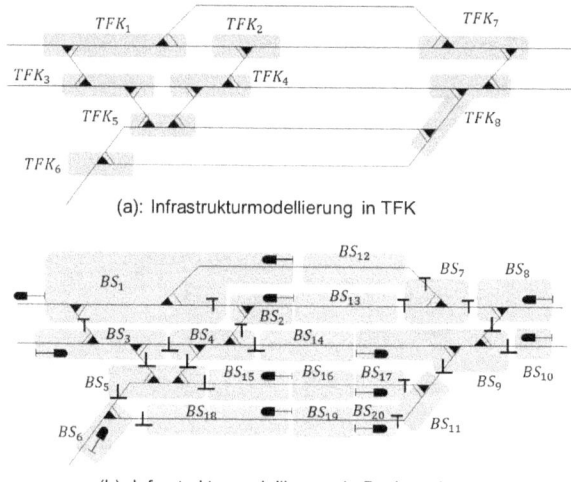

(a): Infrastrukturmodellierung in TFK

(b): Infrastrukturmodellierung in Basisstrukturen

Abbildung 3-5: Vergleich von TFK und Basisstruktur

- Da sich die Unterteilung in TFK lediglich auf Fahrstraßenknoten bezieht, können nur Weichenbereiche eines Eisenbahnknotens in TFK aufgeteilt werden. Gleisbereiche werden zusammen als Warteraum betrachtet und die dort entstehenden Wartezeiten den zugehörigen TFK zugerechnet, begründet durch die Annahme, dass Wartezeiten nur im Warteraum (z. B. Gleisgruppen in Knoten) entstehen. Allerdings sind im realen Betrieb Wartezeiten im Weichenbereich (z.B. durch verlängerte Fahrzeiten) keine Seltenheit. Deswegen ist deren Wirkung auf Gleisbereiche für eine mikroskopische Untersuchung nicht vernachlässigbar. Im Vergleich von TFK mit Basisstrukturen werden Weichen- und Gleisbereiche von Knoten gleichwertig behandelt und modelliert (rosa Hinterlegungen in Abbildung 3-5).

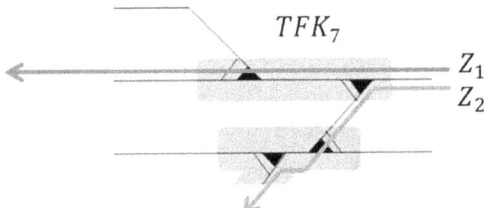

(a): Infrastrukturmodellierung (TFK) ohne Berücksichtigung der Teilauflösung von Fahrstraßen

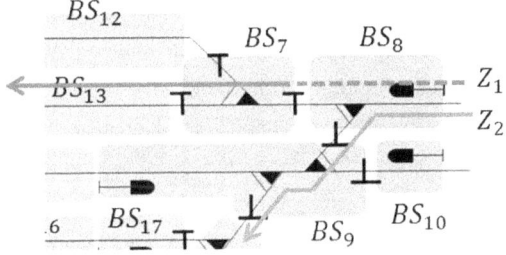

(b): Infrastrukturmodellierung (BS) mit Berücksichtigung der Teilauflösung von Fahrstraßen

Abbildung 3-6: Einfluss der Teilauflösung von Fahrstraßen bei der Infrastrukturmodellierung

- Die Genauigkeit der zugrunde liegenden Infrastrukturdaten der zwei Modelle führt auch dazu, dass die Teilauflösung der Fahrstraßen bei Basisstrukturen berücksichtigt wird. Bei TFK wird die Teilauflösung der Fahrstraßen dagegen nicht berücksichtigt. In manchen Fällen können Teile der Infrastruktur durchaus die gleiche Aufteilung nach TFK und Basisstrukturen haben. Z.B. wird der linkseitige Weichenbereich des Beispielknotens in Abbildung 3-5 in beiden Modellen in sechs Infrastrukturabschnitte ($TFK_1 - TFK_6$ in (a) und BS_1 bis BS_6 in (b)) aufgeteilt, obwohl die Abgrenzungsregeln verschieden sind. Der Unterschied in der Aufteilung zeigt sich im rechtsseitigen Weichenbereich, wo die Infrastruktur beim TFK-Modell in zwei TFK (TFK_7, TFK_8) und beim Basisstruktur-Modell in fünf Basisstrukturen ($BS_7 - BS_{11}$) aufgeteilt wird. Der Einfluss der Teilauflösung von Fahrstraßen auf die ermittelte Belegung von zwei einfahrenden Zugfahrten auf die aufgeteilten Infrastruktureinheiten des Infrastrukturausschnitts wird in Abbildung 3-6 dargestellt. Zwei Züge (Z_1 und Z_2) fahren nacheinander über eine Weiche in den Bahnhof ein. Beim TFK-Modell umfasst TFK_7 zwei Weichen, deren Belegungen durch Z_1 gleich behandelt werden. Im realen Betrieb wird die erste befahrene Weiche oftmals durch die Teilauflösung der Fahrstraße für Z_2 freigegeben, sobald Z_1 die Fahrstraßenzugschlussstelle passiert hat. Dies führt dazu, dass BS_7 und BS_8 unterschiedlich belegt werden können.

3.4.1.3 Vergleich mit Fahrstraßenknoten und Gleisgruppen

Im Vergleich zu Fahrstraßenknoten und Gleisgruppen werden Weichen- und Gleisbereiche bei der Infrastrukturmodellierung mit Basisstrukturen gleichartig betrachtet. Für die Berechnung der Erwartungswerte von außerplanmäßigen Wartezeiten mit analytischen Methoden werden Wartezeiten in Bedienungsstellen (Fahrstraßenknoten) vernachlässigt, da dort keine Wartepositionen vorhanden sind. In einem großen Weichenbereich können allerdings relativ hohe Wartezeiten aufgrund der Fahrzeitverlängerung auftreten, diese sind bei einer mikroskopischen Betrachtung im Rahmen der Engpassanalyse nicht vernachlässigbar. Für die Bewertung von Gleisgruppen werden alle Gleise in einer Gleisgruppe zusammen als ein Warteraum behandelt. Die Wahrscheinlichkeit des Eintretens in den Warteraum zur Besetzung eines freien Gleises ist für alle verfügbaren Gleise im Gegensatz zum realen Betrieb gleich, was aber vom realen Betrieb abweicht. Mit dem neuen Modell in dieser Arbeit wird jedes Gleis (oder ein Abschnitt des Gleises, wenn mehrere Signale an diesem Gleis vorhanden sind) als eine Basisstruktur dargestellt, weshalb die Kenngrößen für jedes Gleis gemäß der realen Betriebsabwicklung separat berechnet werden.

3.4.2 Fahrwegkomponente – gerichtetes Belegungselement

Definition: Eine **Fahrwegkomponente** (FK) ist ein zusammenhängender Teil der befahrbaren Infrastruktur (z. B. Fahrstraße, ggf. auch Fahrtabschnitt bis zum nächsten Zielsignal), der als gerichtetes Belegungselement gesondert aufgelöst werden kann (gerichtete Pfeile in Abbildung 3-7). Fahrwegkomponenten sind kleinste gerichtete Belegungselemente, mit denen eine Infrastruktur laufwegbezogen als gerichteter Graph lückenlos modelliert werden kann. Bei Simulationsverfahren können für jede Fahrwegkomponente alle erforderlichen detaillierten Informationen (z.B. Belegungszeit) von Betriebsprozessen durch Simulationen gesammelt werden, die für die Berechnung der zu ermittelnden und bewertenden Kenngrößen nötig sind (s.a. [Martin et al. 2012]).

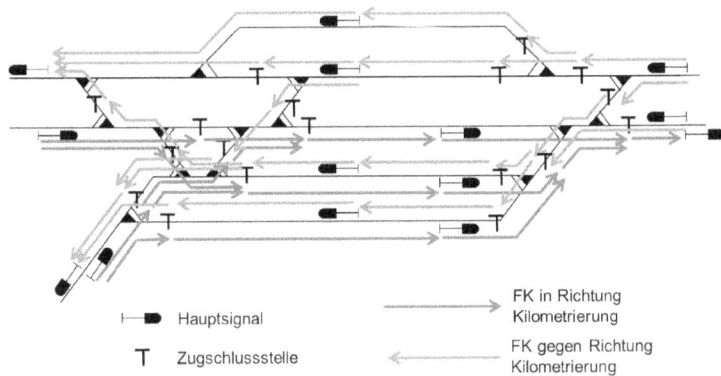

Abbildung 3-7: Infrastrukturmodellierung mit gerichteten Belegungselementen – Fahrwegkomponenten

Jede Fahrwegkomponente besitzt folgende Eigenschaften:

- Startknoten: Infrastrukturelemente wie Hauptsignal, Zugschlussstelle oder Schnittpunkte an der Grenze des Untersuchungsraums
- Endknoten: siehe Startknoten
- Vorherige Fahrwegkomponenten: Fahrwegkomponenten, deren Endknoten identisch wie der Startknoten der betrachteten Fahrwegkomponenten sind.
- Nachfolgende Fahrwegkomponenten: Fahrwegkomponenten, deren Startknoten identisch wie der Endknoten der betrachteten Fahrwegkomponenten sind.

In Abbildung 3-8 werden die Attribute einer Fahrwegkomponente (von der Zugschlussstelle Z2 bis zum Signal S2) beispielhaft dargestellt.

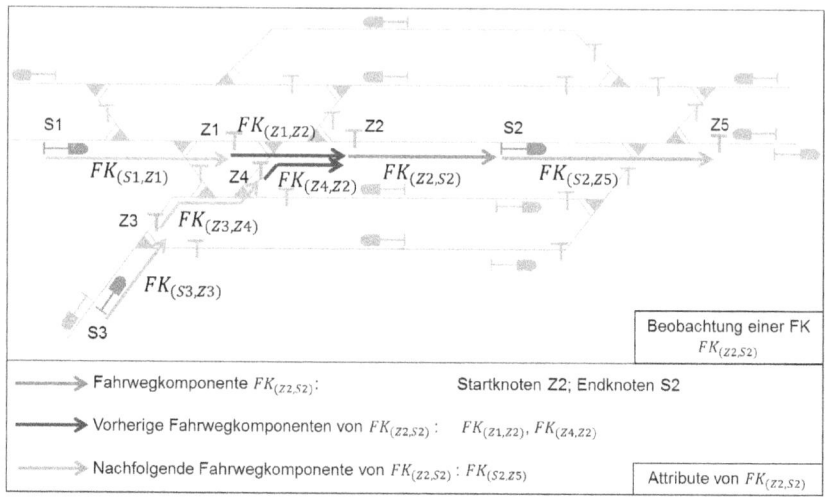

Abbildung 3-8: Attribute einer Fahrwegkomponente im Beispielbahnhof

Darüber hinaus unterstützt diese Infrastrukturmodellierung die Suche nach Engpassursachen entlang der Fahrwege, da ein betrieblicher Fahrweg eindeutig durch eine Nacheinanderreihung von Fahrwegkomponenten beschrieben werden kann. Auf diese Weise kann der Verlauf von vielen Ereignissen (z. B. Verspätungen oder Behinderungen) entlang der Fahrwege verfolgt und analysiert werden. Basierend auf diesem Modell wurden nachfolgende Ansätze zur Lokalisierung der potenziellen Engpässe in Abschnitt 5.2 und zur Bestimmung der Ursachen in Abschnitt 5.3 entwickelt.

3.4.3 Infrastrukturmodellierung auf den Ebenen der Basisstrukturen und Fahrwegkomponenten

Mit dem neuen Beschreibungsmodell wird eine Infrastruktur durch die Überlagerung von Basisstrukturen und Fahrwegkomponenten auf zwei Ebenen modelliert (siehe Abbildung 3-9). Mit diesem Beschreibungsmodell können vielfältige Belegungssituationen der Infrastruktur, auch unter Berücksichtigung der Teilfahrstraßenauflösung, vollständig abgebildet werden. Darüber hinaus unterstützt es den Berechnungsansatz bei der mikroskopischen Engpassanalyse sowohl für gerichtete als auch für ungerichtete Belegungselemente. Bei Simulationsverfahren wird eine Infrastruktur zunächst in einem Simulationswerkzeug abgebildet, wobei die in dem hier entwickelten Beschreibungsmodell hinreichend exakt modellierten Infrastrukturelemente (z. B. Signale und Zugschlussstellen) auch eine automatisierte Unterteilung komplexer Infrastrukturbereiche ermöglichen.

Da Fahrwegkomponenten als kleinste Belegungselemente dienen, können die zu ermittelnden Kenngrößen für Fahrwegkomponenten berechnet und anschließend den Basisstrukturen zugeordnet werden.

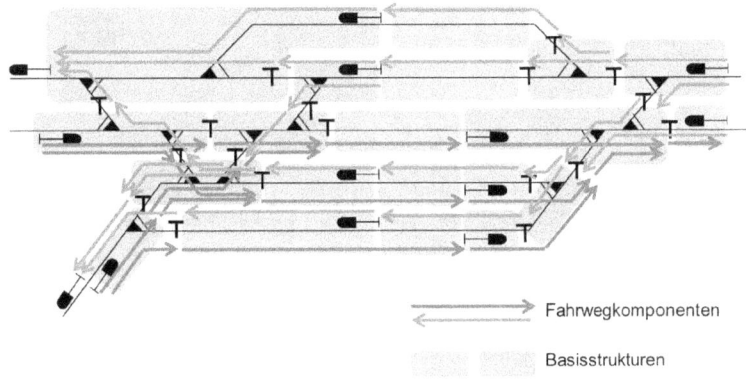

Abbildung 3-9: Infrastrukturmodellierung in zwei Ebenen – Basisstrukturen und Fahrwegkomponenten

Abbildung 3-10 veranschaulicht, wie eine Infrastruktur schrittweise mit Fahrwegkomponenten und Basisstrukturen in zwei Ebenen modelliert wird. Zunächst wird die Infrastruktur jeweils in Basisstrukturen und Fahrwegkomponenten nach den Regeln zur Abgrenzung (Abschnitte 3.4.1.1 und 3.4.2) separat modelliert, bevor mit den Regeln zur Zuordnung von Basisstrukturen und Fahrwegkomponenten die zwei Ebenen überlappt werden, wodurch ein Zwei-Ebenen-Modell gebildet wird.

Beschreibungsmodell für komplexe Gleisstrukturen

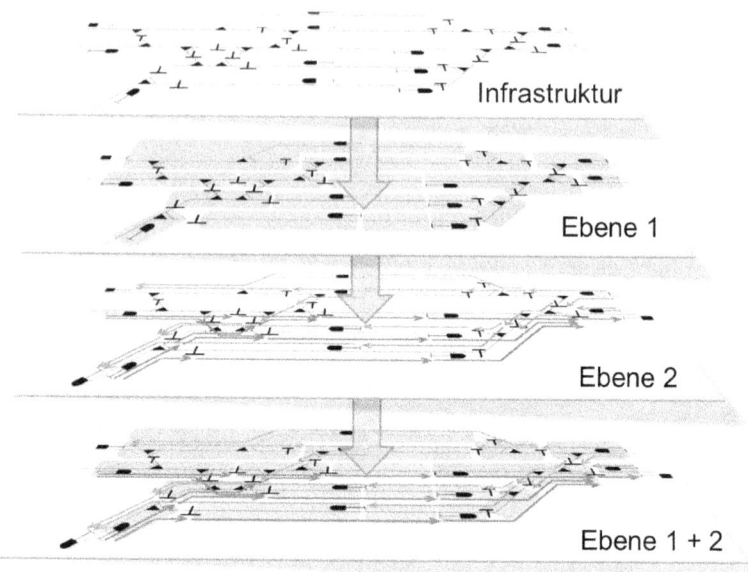

Abbildung 3-10: Schrittweise Modellierung einer Infrastruktur in zwei Ebenen - Basisstrukturen und Fahrwegkomponenten

Da eine Fahrwegkomponente auch ein Abschnitt eines Fahrwegs ist, kann die Fahrwegkomponente auch durch eine Nacheinanderreihung von befahrenen Infrastrukturelementen (z.B. Signal – Weiche – Zugschlussstelle) bezeichnet werden. Daher werden Fahrwegkomponenten und Basisstrukturen folgendermaßen zugeordnet: Wenn zumindest ein Infrastrukturelement auf einer Fahrwegkomponente zugleich zu einer Basisstruktur gehört, sind diese Fahrwegkomponente und diese Basisstruktur voneinander abhängig. Eine Fahrwegkomponente kann daher zu mehreren Basisstrukturen gehören, umgekehrt gilt dies auch.

4 Simulationsbasierter Berechnungsansatz zur Ermittlung von Bewertungskenngrößen

4.1 Überblick

Es gibt vielfältige Kenngrößen bei eisenbahnbetriebswissenschaftlichen Leistungsuntersuchungen, die für unterschiedliche Aufgabenstellungen eingesetzt werden. Zur ursachenbezogenen Engpassanalyse im Rahmen dieses Forschungsprojekts, wurde zunächst festgelegt, mit welchen Kenngrößen Engpässe lokalisiert und Ursachen bestimmt werden können. Die Kenngrößen bei Leistungsuntersuchungen und deren Verwendbarkeit für die Zielstellung der Engpassanalyse wurden geprüft und in Abschnitt 4.2 beschrieben. Für die Bewertung von Engpässen werden in den nächsten Schritten geeignete Kenngrößen durch Gegenüberstellung von vorhandenen Kenngrößen ausgewählt (Abschnitt 4.3). Der Berechnungsansatz mit Simulationsverfahren wird in Abschnitt 4.4 beschrieben. Um geeignete Kenngrößen zu ermitteln, wurden Fahrpläne mit stochastischen Bedingungen generiert und simuliert. In Abschnitt 4.5 wird beschrieben, warum stochastische Bedingungen bei der Engpassanalyse berücksichtigt und wie Fahrpläne mit stochastischen Bedingungen generiert werden. Darüber hinaus wird der Optimale Leistungsbereich des Untersuchungsraums ermittelt (Abschnitt 4.6), der nicht nur Aussagen über das gesamte Leistungsverhalten bietet, sondern auch einen Bewertungsmaßstab liefert.

4.2 Kenngrößen bei Leistungsuntersuchungen

In [DB Netz AG 2008] und [Schwanhäußer et al. 2007] werden Kenngrößen für eisenbahnbetriebswissenschaftlichen Leistungsuntersuchungen in vier Hauptkategorien gegliedert:

- Leistungsbezogene Kenngrößen
- Infrastrukturbezogene Kenngrößen
- Qualitätsbezogene Kenngrößen
- Wirtschaftlichkeitsbezogene Kenngrößen

Aus diesen Kenngrößen können für verschiedene Aspekte lokale oder globale Indikatoren zur Bewertung des Leistungsverhaltens oder der Engpässe abgeleitet werden. In den folgenden Abschnitten (4.2.1, 4.2.2 und 4.2.3) werden leistungsbezogene, infrastrukturbezogene und qualitätsbezogene Kenngrößen detailliert beschrieben.

Daraus werden geeignete Kenngrößen für die ursachenbezogene Engpassanalyse ausgewählt bzw. weiterentwickelt. Die wirtschaftlichkeitsbezogenen Kenngrößen, wie z.B. Transportimpulsdifferenz [Oetting 2005], mit Bezug auf Erlöse bzw. Kosten sind wenig zielführend für die Aufgabenstellung des Forschungsprojekts und werden deswegen an dieser Stelle nicht diskutiert.

4.2.1 Leistungsbezogene Kenngrößen

Mit leistungsbezogenen Kenngrößen werden Aussagen für einen Untersuchungsraum über die verarbeitbare bzw. durchführbare Anzahl von Zügen (Belastung) pro Zeitintervall in einem bestimmten Untersuchungszeitraum getroffen. Es gibt folgende wichtige (leistungsbezogene) Kenngrößen:

Leistungsfähigkeit: Auch „**Kapazität**" genannt, ist der Oberbegriff für verschiedene Leistungskenngrößen von Netzelementen[4] [DB Netz AG 2008].

Maximale Leistungsfähigkeit: Auch theoretische Leistungsfähigkeit im Sinne der Leistungsuntersuchung, wird in [DB Netz AG 2008] definiert als „die in einem Netzelement durch die Organisation des Zugbetriebes im Prozess der Fahrplanerstellung auf dessen betrieblicher Infrastruktur maximal verarbeitbare Anzahl von Zug- und Rangierbewegungen in einem bestimmten Untersuchungszeitraum, wobei das Verhältnis der Zugfolgefälle untereinander dem der Ermittlung unterstellten Belastung entspricht."

Durchsatzbezogene Leistungsfähigkeit: Unter der durchsatzbezogenen Leistungsfähigkeit versteht man die durchschnittliche (Mittelwert über verschiedene Zugfolgefälle) Belastung in der stationären Phase des Betriebsablaufs, bei der eine gegebene Infrastruktur mit gegebenem groben Betriebsprogramm (Zugmix) mit maximalem Durchsatz unter Beibehaltung des Zugmixes (Eingangsbelastung = Ausgangsbelastung) betrieben wird [Chu 2014]. Eine weitere Erhöhung der Belastung führt zu einem verminderten Anwachsen bzw. einer Veränderung des Zugmixes des Ausgangsstroms. Bei Leistungsuntersuchungen mit Simulationsverfahren ist die theoretisch

---

[4]Netzelemente sind Teile des Fahrwegs, für die sich Kenngrößen ermitteln lassen. Im Sinne der vorliegenden Forschungsarbeit hat „Netzelement" die gleiche Bedeutung wie „Belegungselement" (siehe auch Abschnitt 3.4.1).

maximale Leistungsfähigkeit nicht erreichbar, weshalb zur Ableitung der Wartezeitfunktion die durchsatzbezogene Leistungsfähigkeit statt der theoretisch maximalen Leistungsfähigkeit eingesetzt wird.

Optimaler Leistungsbereich (OLB): Bei gegebenem Untersuchungsraum und Betriebsprogramm bezeichnet der Optimale Leistungsbereich das Intervall von Belastungen, dessen Untergrenze durch die Belastung mit minimaler relativer Empfindlichkeit der Wartezeitfunktion und dessen Obergrenze durch die Belastung mit maximaler Beförderungsenergie gegeben ist. Für die Belastungen innerhalb dieses Bereichs liegt gleichzeitig eine wirtschaftlich optimale sowie kundenfreundliche Auslastung des untersuchten Netzes bei gegebenem Betriebsprogramm vor.

Leistung und Leistungsfähigkeit für einen Untersuchungsraum sind von vorgegebenen betrieblichen Bedingungen, z. B. Betriebsprogramm und Fahrzeug, abhängig. Aus unterschiedlichen betrieblichen Bedingungen ergeben sich unterschiedliche Werte der leistungsbezogenen Kenngrößen.

4.2.2 Infrastrukturbezogene Kenngrößen

Infrastrukturbezogene Kenngrößen beziehen sich auf Belegungselemente und werden für jedes Belegungselement (z.B. Blockabschnitt, Fahrstraße, usw.) im Untersuchungsraum bemessen. Nach [DB Netz AG 2008] werden folgende infrastrukturbezogene Kenngrößen definiert:

- **Belegungsgrad**: Bezeichnet den zeitlichen Anteil der Belegung eines Belegungselements (im Rahmen des Projekts ist ein Belegungselement eine Fahrwegkomponente oder eine Basisstruktur) innerhalb eines Untersuchungszeitraums.
- **Verketteter Belegungsgrad**: Bezogen auf ein Netzelement, das aus mehreren getrennt freizumeldenden Fahrwegabschnitten (s.o.) besteht, die bei einer Zugfahrt nacheinander betrieblich beansprucht werden. Für Strecken kann der verkettete Belegungsgrad mit der Methode in UIC 406 [Weigand et al. 2014] ermittelt werden, für den ein Qualitätsmaßstab empirisch angegeben wird. Für Eisenbahnknoten sind noch keine anwendbaren Berechnungsmethoden vorhanden.
- **Behinderungsgrad**: Quotient aus der Summe der behinderungsbedingten Wartezeiten und dem Untersuchungszeitraum ([Hantsch & Li et al. 2013]).

- **Infrastrukturbezogene Behinderungen:** Anzahl und Größe der auf einem Belegungselement auftretenden Behinderungen ([DB Netz AG 2008] [Warninghoff et al. 2004]).

4.2.3 Qualitätsbezogene Kenngrößen

Qualitätsbezogene Kenngrößen beschreiben die Qualität von Untersuchungsräumen oder Belegungselementen.

Wartezeit: Wartezeit ist der Oberbegriff von planmäßigen und außerplanmäßigen Wartezeiten. Planmäßige Wartezeit ist der Anteil der planmäßigen Beförderungszeit, der bei der Konstruktion eines Fahrplangefüges infolge von einer Behinderung der betrachteten Zugtrasse durch einen anderen Zug entsteht. Eine außerplanmäßige Wartezeit ist die behinderungsbedingte Abweichung von der planmäßigen Beförderungszeit. Im Betriebsprozess sind außerplanmäßige Wartezeiten grundsätzlich zu minimieren (vgl. [DB Netz AG 2008; Pachl 2011]).

Pünktlichkeitsgrad: Anteil der Züge, die eine vorgegebene Zeitmarge der Verspätung an festzulegenden Messpunkten nicht überschreiten [DB Netz AG 2008]. Der Pünktlichkeitsgrad betrachtet die Betriebs- und Verkehrsqualität des gesamten Untersuchungsraums. Da stochastische Einflüsse bei der Entstehung von Engpässen einen Untersuchungsschwerpunkt dieses Forschungsprojekts bilden, ist die Pünktlichkeit nicht zielführend für die Aufgabenstellung.

Verspätungskoeffizient: Ein Maß der Betriebsqualität von Schienennetzen in Abhängigkeit von Infrastruktur, Fahrplan und Urverspätungen. Es errechnet sich aus dem Quotienten von Ausgangsverspätung (Ausbruchsverspätung + Endverspätung) und Eingangsverspätung (Einbruchsverspätung + Urverspätung) ([Martin et al. 2011a]). Ist der Verspätungskoeffizient größer als 1, vergrößert sich die Verspätung innerhalb des untersuchten Netzes. Ist der Verspätungskoeffizient kleiner als 1, verringert sich die Verspätung dementsprechend. Ist er gleich 1, befinden sich der Abbau der von außen hervorgerufenen Verspätung und die Folgeverspätungen im Gleichgewicht.

4.3 Auswahl der Kenngrößen zur Engpassanalyse

Im vorangegangenen Abschnitt wurden verschiedene Kenngrößen im Sinne der Leistungsuntersuchung diskutiert. Die leistungsbezogenen Kenngrößen beschreiben die Kapazität und das Leistungsverhalten des gesamten Untersuchungsraums. Sie sind globale Indikatoren, aus denen zwar keine direkten Aussagen über Engpässe gewonnen werden können, im Rahmen dieser Arbeit bilden sie allerdings die Kriterien zur Festlegung der Bewertungsmaßstäbe.

Die vorhandenen qualitätsbezogenen Kenngrößen (z.B. Verspätungskoeffizient) sind auf die Bewertung der globalen Betriebsqualität des Untersuchungsraums ausgerichtet und daher für die mikroskopische Engpassanalyse, bei der die Aussagen für einzelne unterteilte Infrastrukturabschnitte (Belegungselemente) benötigt werden, nicht zielführend.

Aus diesem Grund werden für die weitere Untersuchung die **infrastrukturbezogenen Kenngrößen Belegungsgrad und Behinderungsgrad** ausgewählt, die sich auf Belegungselemente beziehen und daher für einzelne Belegungselemente berechenbar sind.

Da lediglich mit den beiden vorhandenen infrastrukturbezogenen Kenngrößen nicht alle wesentlichen Fragen bei der Engpassanalyse beantwortet werden können, werden im Rahmen dieses Forschungsprojekts folgende zwei erweiterte Kenngrößen eingeführt, die aus den Grundkenngrößen - Belegungs- und Behinderungsgrad - abgeleitet werden:

- **Nicht erfüllbare Belegungswünsche:** Gemäß der Definition eines **Engpasses** in der vorliegenden Arbeit (siehe Grundbegriffe in Abschnitt 2.2) wird ein Infrastrukturabschnitt (mit dem neuen Infrastrukturmodell also Basisstruktur oder Kombination von mehreren benachbarten Basisstrukturen) als Engpass identifiziert, wenn andere Fahrten wegen der Belegung auf diesem Infrastrukturabschnitt stark behindert werden. Mit der Kenngröße „Behinderungsgrad" werden nur die Behinderungen berücksichtigt, die auf diesem Infrastrukturabschnitt **selbst** auftreten. Dies ist jedoch nicht ausreichend für die Identifizierung von Engpässen nach der Definition, sodass für die Bewertung eine weitere Kenngröße benötigt wird, die auch solche Behinderungen umfasst, die nicht auf dem Infrastrukturabschnitt selbst auftreten, sondern durch diesen verursacht werden. Für diesen Zweck wurde in der vorliegenden Arbeit die neue Kenngröße „**Nicht erfüllbare Belegungswünsche**" (NEB) eingeführt ([Hantsch & Li et al. 2013]). Die „Nicht erfüllbaren Belegungswünsche" eines Belegungselements entsprechen der Summe der behinderungsbedingten Wartezeiten aller Züge, die dieses Belegungselement anfordern wollen. Sie werden in der Einheit [Zeit pro Zug und Zeitintervall] gemessen.

- **Engpassempfindlichkeit:** Die Engpassempfindlichkeit eines Belegungselements bezeichnet die Änderung des Behinderungsgrades in Abhängigkeit vom Belegungsgrad auf dem betreffenden Belegungselement ([Hantsch & Li et al. 2013]). Bei einem groben Betriebsprogramm ergibt sich die Engpassempfindlichkeit aus dem Anstieg der Behinderungsgrade einer Fahrwegkomponente bei Änderung des Belegungsgrads aus mehreren Verdichtungsstufen (Belastungen) des zugrunde gelegten Betriebsprogramms.

Die Engpassanalyse erfolgt durch die Bewertung der obengenannten vier Kenngrößen – „**Belegungsgrad**", „**Behinderungsgrad**", „**Nicht erfüllbare Belegungswünsche**" und „**Engpassempfindlichkeit**". Im folgenden Abschnitt werden die Berechnungsverfahren für diese Kenngrößen beschrieben.

4.4 Berechnungsverfahren zur Ermittlung der Kenngrößen

4.4.1 Berechnung des Belegungsgrads

Die Belegungszeit (Sperrzeit) einer Zugtrasse auf einem Belegungselement setzt sich aus Fahrstraßenbilde- und Sichtzeit, Annäherungsfahrzeit, Fahrzeit im Belegungselement (Blockabschnitt oder Weichenbereich), Räumfahrzeit und Fahrstraßenauflösezeit zusammen (Abbildung 4-1). Alle Zeitanteile der Belegungszeit hängen von der Infrastrukturgestaltung und den betrieblichen Bedingungen ab, welche die Zeitspanne der Belegungszeit beeinflussen können.

Simulationsbasierter Berechnungsansatz zur Ermittlung von Bewertungskenngrößen

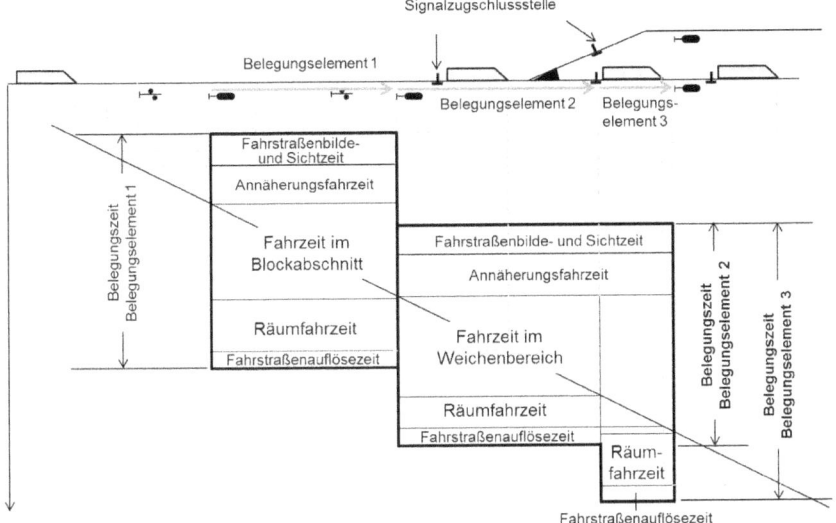

Abbildung 4-1: Belegungszeit der Belegungselemente

Für die ursachenbezogene Engpassanalyse werden die infrastrukturbezogenen Kenngrößen **Belegungsgrad** und **Behinderungsgrad** für gerichtete und ungerichtete Belegungselemente ermittelt und daraus weitere Kenngrößen für die Bewertung von Engpässen abgeleitet. Im Rahmen dieses Projekts wurde ein synchrones Simulationsverfahren für Leistungsuntersuchungen unter Verwendung des Simulationswerkzeugs RailSys [RMCon 2010] eingesetzt. Im darauf aufbauenden Bewertungsverfahren werden Fahrpläne mit der Bewertungssoftware PULEIV ([Martin et al. 2011a] [Martin et al. 2011b] [Martin et al. 2010]) unter Berücksichtigung stochastischer Bedingungen generiert und mit RailSys simuliert. Die Abweichung der Belegung von Belegungselementen im Soll-Fahrplan (Soll-Zustand) und nach der Simulation (Ist-Zustand) wird untersucht. Anhand des im Rahmen des Projekts neu entwickelten Zwei-Ebenen-Infrastrukturmodells werden die Kenngrößen sowohl für Fahrwegkomponenten als auch für Basisstrukturen berechnet.

Das neue Beschreibungsmodell ist bei der Berechnung der Belegungsgrade von Vorteil, da zuerst der Belegungsgrad für jede Fahrwegkomponente berechnet und dann den Basisstrukturen zugeordnet wird.

Soll-Belegungsgrad ($SollBLG_{FK_i}$) auf einer Fahrwegkomponente

Für eine Fahrwegkomponente FK_i wird der Soll-Belegungsgrad $SollBLG_{FK_i}$ aus dem Quotienten der Summe der Belegungszeiten aller Züge auf dieser Fahrwegkomponente im Soll-Fahrplan und dem Untersuchungszeitraum berechnet.

Der Soll-Belegungsgrad einer Fahrwegkomponente FK_i im Fahrplan, die von N_Z Zügen befahren wird, ergibt sich folgendermaßen:

$$SollBLG_{FK_i} = \sum_{k=1}^{N_Z} (tEsoll_{Z_k,\ FK_i} - tAsoll_{Z_k,\ FK_i}) / T \qquad (4\text{-}1)$$

Dabei sind:

$tEsoll_{Z_k,\ FK_i}$: Endzeitpunkt der Sperrzeit im Soll-Fahrplan an [hh:mm:ss] der Fahrwegkomponente FK_i für den Zug Z_k

$tAsoll_{Z_k,\ FK_i}$: Anfangszeitpunkt der Sperrzeit im Soll-Fahrplan [hh:mm:ss] an der Fahrwegkomponente FK_i für den Zug Z_k

T: Untersuchungszeitraum [s]

N_Z: Anzahl der Züge, die die Fahrwegkomponente [-] FK_i befahren

Ist-Belegungsgrad ($IstBLG_{FK_i}$) auf einer Fahrwegkomponente

Bei stochastisch generierten Fahrplänen treten schon bei vergleichsweise geringer Fahrtendichte erhebliche Behinderungen während der Betriebsdurchführung auf.

Der Ist-Belegungsgrad $IstBLG_{FK_i}$ einer Fahrwegkomponente FK_i im Betrieb ergibt sich aus dem Quotienten der Summe der Belegungszeiten aller Züge auf dieser Fahrwegkomponente in der Betriebsdurchführung (Simulation) und dem Untersuchungszeitraum.

Der Ist-Belegungsgrad einer Fahrwegkomponente FK_i im Betrieb, die von N_Z Zügen befahren wird, ergibt sich folgendermaßen:

$$IstBLG_{FK_i} = \sum_{k=1}^{N_Z} (tAist_{Z_k,\ FK_i} - tEist_{Z_k,\ FK_i}) / T \qquad (4\text{-}2)$$

Dabei sind:

$tAist_{Z_k, FK_i}$: Anfangszeitpunkt der Ist-Sperrzeit nach der Betriebs- [hh:mm:ss] durchführung an der Fahrwegkomponente FK_i für den k-ten Zug Z_k

$tEist_{Z_k, FK_i}$: Endzeitpunkt der Ist-Sperrzeit nach der Betriebsdurch- [hh:mm:ss] führung an der Fahrwegkomponente FK_i für den k-ten Zug Z_k

T: Untersuchungszeitraum [s]

N_Z: Anzahl der Züge, die die Fahrwegkomponente FK_i [-] befahren

Berechnung für eine Basisstruktur

Der Belegungsgrad einer Basisstruktur BS_j ergibt sich aus der Summe der Belegungsgrade aller Fahrwegkomponenten ($SollBLG_{FK_i}$ bzw. $IstBLG_{FK_i}$), die diese Basisstruktur überdecken.

- Soll-Belegungsgrad einer Basisstruktur BS_j:

$$SollBLG_{BS_j} = \sum_{i=1}^{N_{FK}} (SollBLG_{FK_i}) \qquad (4\text{-}3)$$

- Ist-Belegungsgrad einer Basisstruktur BS_j:

$$IstBLG_{BS_j} = \sum_{i=1}^{N_{FK}} (IstBLG_{FK_i}) \qquad (4\text{-}4)$$

Dabei ist:

N_{FK}: Anzahl der Fahrwegkomponenten, die die Basisstruktur BS_j [-] überdecken

4.4.2 Berechnung des Behinderungsgrads

Die Behinderung eines Zugs auf einem Belegungselement entspricht im Sinne der Leistungsuntersuchung der dort auftretenden behinderungsbedingten Wartezeit und lässt sich durch die Abweichung der Ist-Belegungszeit im Betrieb und der Soll-Belegungszeit im Fahrplan bestimmen (siehe Beispiel in Abbildung 4-2).

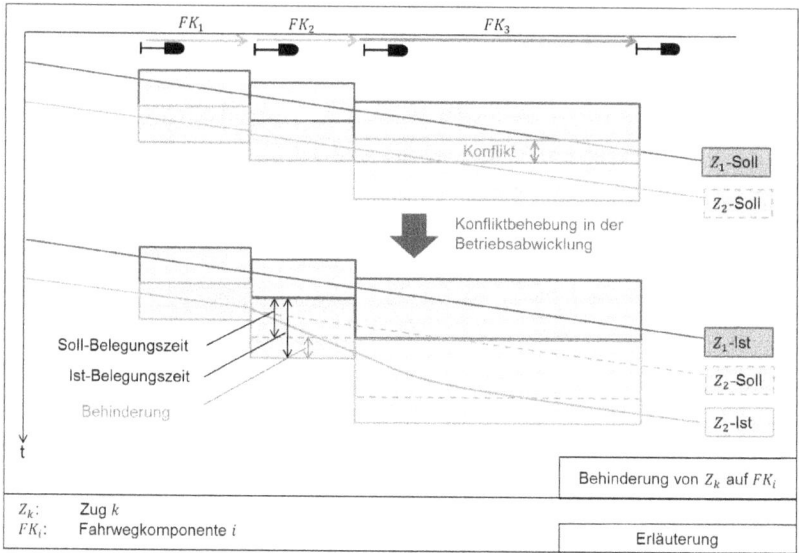

Abbildung 4-2: Behinderung einer Zugfahrt auf einem Belegungselement

Behinderungsgrad (BHG_{FK_i}) auf einer Fahrwegkomponente

Für eine Fahrwegkomponente FK_i wird der Behinderungsgrad BHG_{FK_i} aus der Differenz der Ist- und Soll-Belegungsgrade berechnet.

Behinderungsgrad einer Fahrwegkomponente FK_i:

$$BHG_{FK_i} = IstBLG_{FK_i} - SollBLG_{FK_i} \qquad (4\text{-}5)$$

Dabei sind:

$SollBLG_{FK_i}$:   Soll-Belegungsgrad einer Fahrwegkomponente   [-]
FK_i

$IstBLG_{FK_i}$:   Ist-Belegungsgrad einer Fahrwegkomponente FK_i [-]

Berechnung für eine Basisstruktur

Der Behinderungsgrad einer Basisstruktur BS_j ergibt sich aus der Summe der jeweiligen Werte aller Fahrwegkomponenten BHG_{FK_i}, die diese Basisstruktur überdecken.

Behinderungsgrad einer Basisstruktur BS_j ergibt sich aus:

$$BHG_{BS_j} = \sum_{i=1}^{N_{FK}} BHG_{FK_i} \qquad (4\text{-}6)$$

Dabei ist:

N_{FK}: Anzahl der Fahrwegkomponenten, die die Basisstruktur [-]
BS_j überdecken

4.4.3 Berechnung der Engpassempfindlichkeit

Aus den bereits berechneten Kenngrößen Belegungs- und Behinderungsgrad wird die abgeleitete Kenngröße Engpassempfindlichkeit für jede Fahrwegkomponente berechnet. Die Engpassempfindlichkeit ist ein Merkmal für ein grobes Betriebsprogramm, da sie den Anstieg des Behinderungsgrads einer Fahrwegkomponente in Abhängigkeit von ihrem Belegungsgrad angibt. In Simulationsverfahren werden die steigenden Belegungsgrade auf einer Fahrwegkomponente aus den Verdichtungen von Fahrplänen mit zunehmender Belastung ermittelt. Aus einem Eingangsfahrplan werden Fahrpläne nach dem Verfahren von [Martin et al. 2013] und [Schmidt 2009] mit stochastischen Bedingungen generiert.

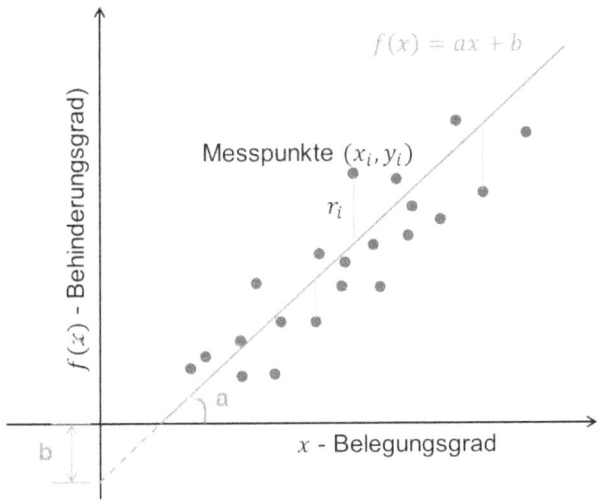

Abbildung 4-3: Engpassempfindlichkeit einer Fahrwegkomponente

Die Engpassempfindlichkeit (EPE) einer Fahrwegkomponente FK_i wird aus den Fahrplänen im Optimalen Leistungsbereich durch lineare Approximation ermittelt.

Der Zusammenhang zwischen Belegungsgrad und Behinderungsgrad wird durch die Modellfunktion mit zwei linearen Parametern beschrieben:

$$f(x) = ax + b \qquad (4\text{-}7)$$

Dabei sind

x: Belegungsgrad einer Fahrwegkomponente [-]

$f(x)$: Behinderungsgrad einer Fahrwegkomponente [-]

a, b: Koeffizienten der am besten approximierten Geraden [-]

Die Engpassempfindlichkeit der Fahrwegkomponente i entspricht daher der Steigung der Gerade

$$EPE_{FK_i} = a \qquad (4\text{-}8)$$

Es gibt verschiedene Methoden zur Bestimmung einer Ausgleichsgeraden aus Datenpunkten. In der vorliegenden Arbeit wird die Methode der kleinsten Quadrate verwendet. Die Koeffizienten a und b werden aus den Messwerten $(x_1, y_1), \ldots, (x_n, y_n)$ (Punkte in Abbildung 4-3) aus n Stichproben (zufällig generierte Fahrpläne im Optimalen Leistungsbereich) für eine lineare Gleichung ermittelt. Dabei ist x der Belegungsgrad und $f(x)$ der Behinderungsgrad der Fahrwegkomponente für einen Fahrplan.

Die Abweichungen r_i zwischen der gesuchten Graden und den jeweiligen Messwerten sind:

$$r_i = a + bx_i - f(x_i) \qquad (4\text{-}9)$$

Gesucht sind die Koeffizienten a, b mit der kleinsten Summe der Quadrate der Abweichungen:

$$\min_{a,b} \sum_{i=1}^{n} r_i^2$$

Daraus ergibt sich die Lösung:

$$a = \frac{(\sum_{i=1}^{n} x_i f(x_i)) - n \cdot \overline{x f(x)}}{(\sum_{i=1}^{n} x_i^2) - n \cdot (\bar{x})^2} \qquad (4\text{-}10)$$

und

$$b = \overline{f(x)} - a\bar{x} \qquad (4\text{-}11)$$

Dabei sind

$\bar{x} = \frac{1}{n}\sum_{i=1}^{n} x_i$ und $\overline{f(x)} = \frac{1}{n}\sum_{i=1}^{n} f(x_i)$

4.4.4 Berechnung der Nicht erfüllbaren Belegungswünsche

Die Kenngröße „**Nicht erfüllbare Belegungswünsche**" (NEB) wird für eine Basisstruktur berechnet und entspricht der Summe der behinderungsbedingten Wartezeiten aller Züge, die die Belegung dieses Belegungselements anfordern möchten. Die von dieser Basisstruktur behinderten Züge werden in den Fahrwegkomponenten gesucht (blaue Pfeile im Beispiel in Abbildung 4-4), die vor der Belegung der Basisstruktur zuletzt belegt wurden. Die Berechnung von Nicht erfüllbaren Belegungswünschen erfolgt durch die Zuordnung der Fahrwegkomponenten und Basisstrukturen mit dem neuen Beschreibungsmodell, indem die behinderungsbedingten Wartezeiten der Züge auf den zuletzt belegten Fahrwegkomponenten vor der Basisstruktur zusammengefasst werden. Für die Berechnung werden zuerst für alle zugehörigen Fahrwegkomponenten der Basisstruktur die vorherigen Fahrwegkomponenten gesucht.

Durch die Zuordnung ist jede Fahrwegkomponente FK_i gekennzeichnet durch (vgl. Beispiel in Abbildung 3-8):

- M_{BS,FK_i}: Zugehörige Basisstrukturen
- $M_{FK_i,Nach}$: Menge der nachfolgenden Fahrwegkomponenten
- $M_{FK_i,Vor}$: Menge der vorherigen Fahrwegkomponenten

Simulationsbasierter Berechnungsansatz zur Ermittlung von Bewertungskenngrößen

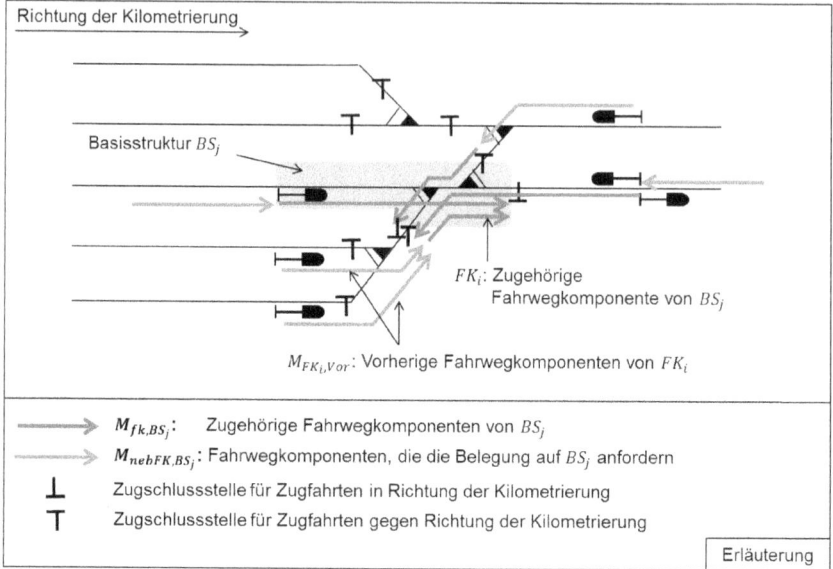

Abbildung 4-4: Zuordnung der Fahrwegkomponenten mit Nicht erfüllbaren Belegungswünschen zu einer Basisstruktur

Jede Basisstruktur BS_j besitzt eine Menge von zugehörigen Fahrwegkomponenten, die von BS_j überdeckt werden (rote Pfeile in Abbildung 4-4):

$$M_{fk,BS_j} = \{FK_1, \cdots, FK_i, \cdots, FK_{N_{FK}}\} \qquad (4\text{-}12)$$

Jede Fahrwegkomponente FK_i hat eine Menge von vorherigen Fahrwegkomponenten $M_{FK_i,Vor}$, die die Belegung auf BS_j anfordern.

Die Vereinigungsmenge M_{nebFK,BS_j} von $M_{FK_i,Vor}$ aller zugehörigen Fahrwegkomponenten in M_{fk,BS_j} enthält die Fahrwegkomponenten, die die Belegung auf BS_j anfordern.

Dabei ist:

$$M_{nebFK,BS_j} = \bigcup_{FK_i \in M_{fk,BS_j}} M_{FK_i,Vor} \qquad (4\text{-}13)$$

Nach der Zuordnung von Basisstrukturen und belegungsanfordernden Fahrwegkomponenten ergeben sich die NEB einer Basisstruktur aus der Summe der Behinderungen der zugehörigen belegungsanfordernden Fahrwegkomponenten. Die Nicht erfüllbaren Belegungswünsche NEB_{BS_j} der Basisstruktur BS_j pro Zeitintervall werden berechnet aus:

$$NEB_{BS_j} = \sum_{FK_i \in M_{nebFK,BS_j}} BH_{FK_i} / T \qquad (4\text{-}14)$$

Dabei sind:

BH_{FK_i}: Behinderung der Fahrwegkomponente FK_i, [s]

$FK_i \in M_{nebFK,BS_j}$

T: Untersuchungszeitraum [s]

4.5 Fahrplanverdichtung mit stochastischen Bedingungen

Wird ein konfliktfreier Fahrplan bei einem idealen Betrieb ohne Störungen abgewickelt, treten keine behinderungsbedingten Wartezeiten auf, sodass demzufolge auch kein Engpass im Untersuchungsraum entsteht, wenn Behinderungen als Kriterium dienen. In der realen Welt ist ein solcher Idealfall bei netzförmiger Eisenbahninfrastruktur jedoch kaum möglich. So gibt es vielfältige Einflüsse, die in der realen Betriebsabwicklung zu einer Abweichung führen. In der Planungsphase wird ein Fahrplan basierend auf zugrunde gelegten Modellzügen und Infrastrukturdaten konstruiert, die aus theoretischen Werten berechnet werden und im realen Betrieb kaum ohne Abweichung einzuhalten sind. Selbst wenn ein Zug behinderungsfrei fahren kann, weicht seine realisierte Beförderungszeit aufgrund technischer Beschränkungen, unterschiedlicher menschlicher Bedienungsweisen, Zustand der Infrastrukturanlagen und vielen weiteren Einflüssen mehr oder weniger von der geplanten Beförderungszeit ab. Solange eine Zugtrasse vom Fahrplan abweicht, können andere Züge dadurch beeinflusst und behindert werden. Durch diese Wechselwirkungen kann die Einflussweite unterschiedlich groß sein. Anderseits kann das Wirksamwerden eines Engpasses bei differierenden Bedingungen auch unterschiedlich sein. In den Beispielen in Abbildung 4-5 und Abbildung 4-6 werden zwei potenzielle Konflikte angezeigt, deren Wirksamwerden unter verschiedenen Bedingungen unterschiedlich ist.

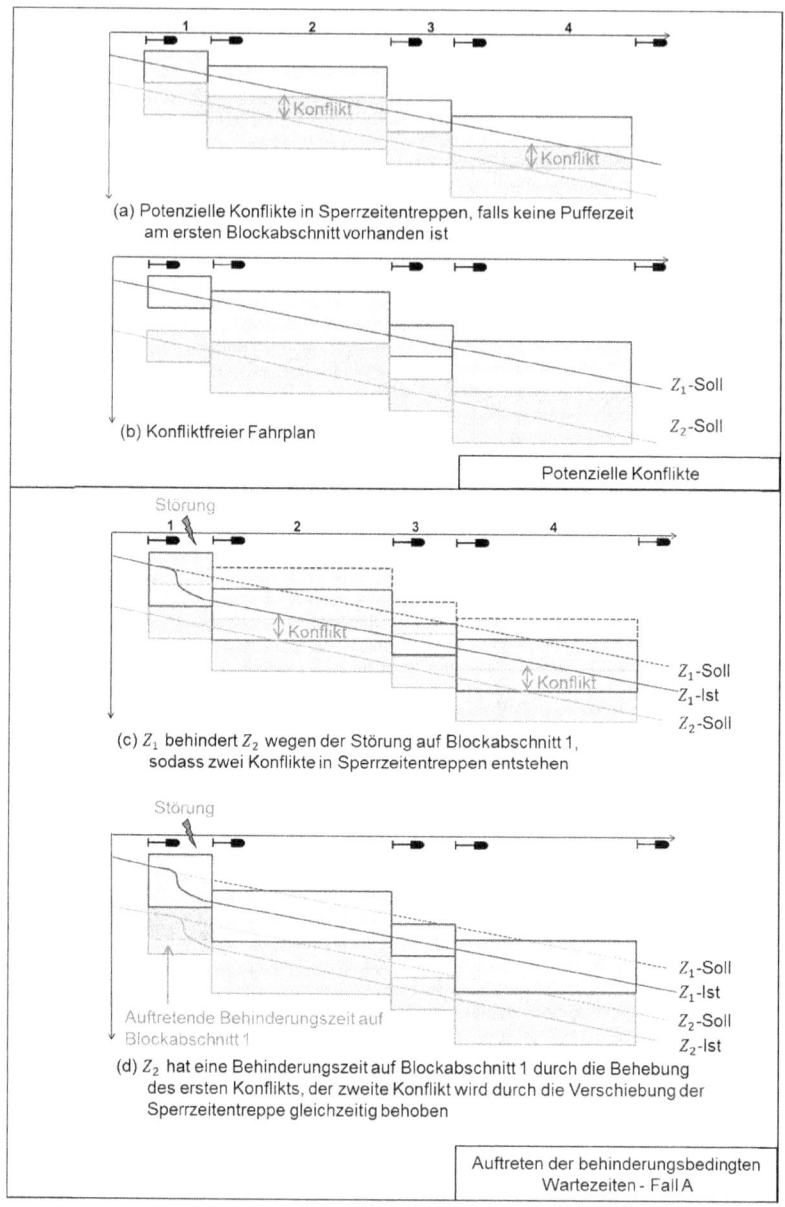

Abbildung 4-5: Einfluss des Behinderungsorts auf das Auftreten der behinderungsbedingten Wartezeiten (Behinderungen) – Fall A

In Abbildung 4-5 (a) fahren zwei gleichartige Züge mit gleicher Geschwindigkeit nacheinander auf einem Streckenabschnitt mit vier Blockabschnitten. Die Blockabschnitte 2 und 4 sind länger als 1 und 2. Dadurch sind die Belegungszeiten durch eine Zugfahrt auf den Blockabschnitten 2 und 4 länger als auf 1 und 3. Demzufolge überschneiden sich die Sperrzeitentreppen der beiden Zugfahrten auf den Blockabschnitten 2 und 4, wenn sie sich am Blockabschnitt 1 berühren (es ist also keine Pufferzeit vorhanden). Eine solche Überschneidung wird als potenzieller Konflikt dargestellt. Bei der Konstruktion eines konfliktfreien Fahrplans wird die Sperrzeitentreppe der zweiten Zugfahrt (Z_2) so weit verschoben, bis sich die beiden Sperrzeitentreppen nicht mehr überschneiden (Abbildung 4-5 (b)), wodurch nun Pufferzeiten auf den Blockabschnitten 1 und 3 vorhanden sind.

Die Beispiele in Abbildung 4-5 und Abbildung 4-6 zeigen, wie die unterschiedlichen Störungsfälle das Auftreten von behinderungsbedingten Wartezeiten (Behinderungen) auf Belegungselementen als wesentliche Wirkung der Engpässe, beeinflussen können:

Fall A (Abbildung 4-5)

Im ersten Fall, tritt eine Störung bei Z_1 am Blockabschnitt 1 auf, die zu einer verlängerten Belegungszeit (z.B. Fahrzeitverlängerung) auf Blockabschnitt 1 und einer verschobenen Sperrzeitentreppe führt. Mit der geplanten Sperrzeitentreppe von Z_2 treten daher zwei Konflikte auf den Blockabschnitten 2 und 4 auf. Um den ersten Konflikt zu beheben, muss Z_2 auf Blockabschnitt 1 langsamer fahren oder halten, sodass sich die Sperrzeitentreppe von Z_2 entsprechend verschiebt. Demzufolge wird gleichzeitig der Konflikt auf Blockabschnitt 4 durch die Behebung des ersten Konflikts beseitigt und ist somit nicht mehr sichtbar. Entsprechend erscheint Blockabschnitt 2 in diesem Fall als ein Engpass.

Fall B (Abbildung 4-6)

Im zweiten Fall tritt die Störung bei Z_1 nach einem planmäßigen Betrieb erst am Blockabschnitt 3 auf. Durch die Behebung des Konflikts hat Z_2 eine Behinderung am Blockabschnitt 3, wodurch der Konflikt am Blockabschnitt 4 sichtbar wird. In diesem Fall tritt der potenzielle Konflikt am Blockabschnitt 2 nicht in Erscheinung und wird hier auch nicht als Engpass identifiziert.

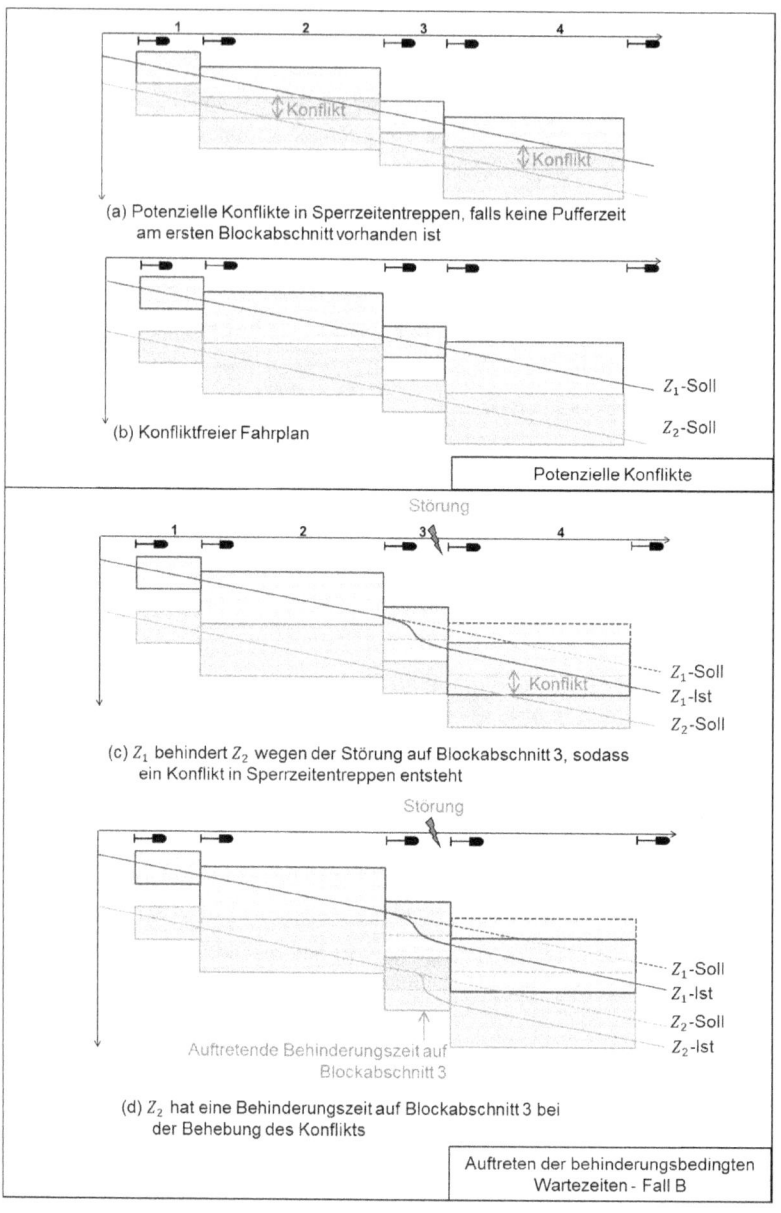

Abbildung 4-6: Einfluss des Behinderungsorts auf das Auftreten der behinderungsbedingten Wartezeiten (Behinderungen) – Fall B

Analog zu den beiden Beispielen (Fall A und B), sind die Orte von Störungen und Behinderungen im realen Betrieb aufgrund der Zufallsbeeinflussung nicht fixiert. Da die potenziellen Konflikte bei verschiedenen Störfällen unterschiedlich sichtbar werden, ist es nicht möglich, mit einem Störfall alle potenziellen Konflikte zu erkennen. Fahrpläne mit stochastischen Bedingungen dienen deshalb dazu, die Abweichungen sowie außerplanmäßige Störungen des realen Betriebs vom geplanten Fahrplan mit Simulationsverfahren hinreichend genau zu berücksichtigen.

Mit dem im Rahmen eines anderen, abgeschlossenen DFG-Forschungsprojekts [Martin et al. 2013] entwickelten Ansatz zur Fahrplanverdichtung mit dynamischen Zeitscheiben können Fahrpläne unter Berücksichtigung stochastischer Bedingungen (zufällige Fahrpläne) mit Hilfe der Bewertungssoftware PULEIV automatisiert generiert werden. Für statistisch gesicherte Ergebnisse ist eine hinreichende Anzahl der zufälligen Fahrpläne anzustreben.

4.6 Bewertungsmaßstab - Optimaler Leistungsbereich

Da vor der Bearbeitung dieses Forschungsprojekts noch keine geschlossenen Lösungen zur ursachenbezogenen Engpassanalyse für komplexe Eisenbahnknoten vorhanden waren, wurden bislang auch noch keine Qualitätsmaßstäbe zur umfassenden Engpassanalyse bei Leistungsuntersuchungen bestimmt. Die vorhandenen Qualitätsmaßstäbe beziehen sich meistens auf die globale Betrachtung und sind daher für die ausgewählten Kenngrößen in dieser Arbeit für eine mikroskopische Analyse aus der lokalen Betrachtung nicht geeignet. Da das Leistungsverhalten einer Infrastruktur sich mit der Änderung der Nutzung (Betriebsprogramm) ändert, ist es kaum möglich, bei der Untersuchung von Eisenbahnknoten feste Werte für den Bewertungsmaßstab zu definieren. Der globale Indikator „Optimaler Leistungsbereich", der das Leistungsverhalten des gesamten Untersuchungsraums in stark aggregierter Form beschreibt und maßgeblich auch von Engpässen abhängt, wird nachfolgend auch als Grundlage für die Ableitung eines Bewertungsmaßstabs bei der Engpassanalyse verwendet.

Bei der makroskopischen Leistungsuntersuchung ergibt sich der Optimale Leistungsbereich aus der Wartezeitfunktion. Der erste Ansatz zur Modellierung der Wartezeitfunktion von [Hertel et al. 1987] wurde durch die kontinuierliche Weiterentwicklung von [Bosse et al. 1995] und [Schmidt 2009] in simulativen Methoden umgesetzt. Darauf basierend wurden im Rahmen eines anderen vom Institut für Eisenbahn- und Verkehrswesen bearbeiteten DFG-Forschungsprojekts [Martin et al. 2013] Ansätze zur Ermittlung der maximale Leistungsfähigkeit (Abbildung 4-7) (auch „Durchsatzbezogene Leistungsfähigkeit" in [Chu 2014]) und des Optimalen Leistungsbereichs mit einer neuen Modellfunktion der Wartezeit mit Simulationsverfahren entwickelt (Abbildung 4-8). Eine in [Martin et al. 2013] entwickelte Methode zur Fahrplanverdichtung mit dynamischen Zeitscheiben ermöglicht die automatisierte Generierung von zufälligen Fahrplänen, die die stochastische Rahmenbedingung für die Bewertung von Engpässen sicherstellt. Der so ermittelte Optimale Leistungsbereich kennzeichnet nicht nur das Leistungsverhalten des Untersuchungsraums, sondern identifiziert auch den maßgebenden Engpass des betrachteten Betriebsprogramms.

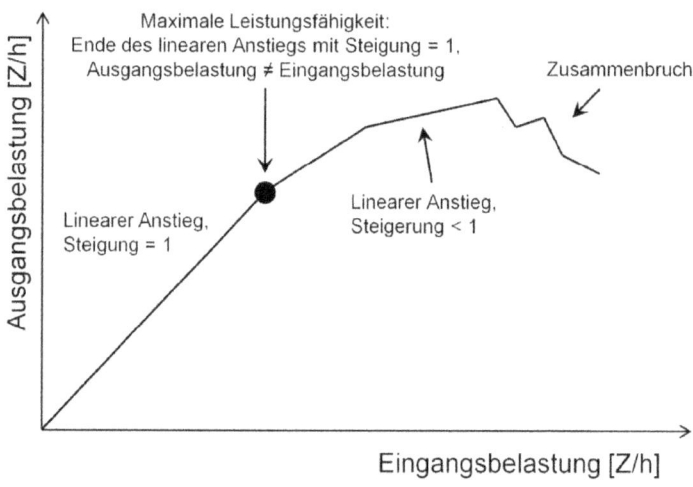

Abbildung 4-7: Verhältnis von Eingang- und Ausgangsbelastung (Quelle: [Martin et al. 2013])

Simulationsbasierter Berechnungsansatz zur Ermittlung von Bewertungskenngrößen

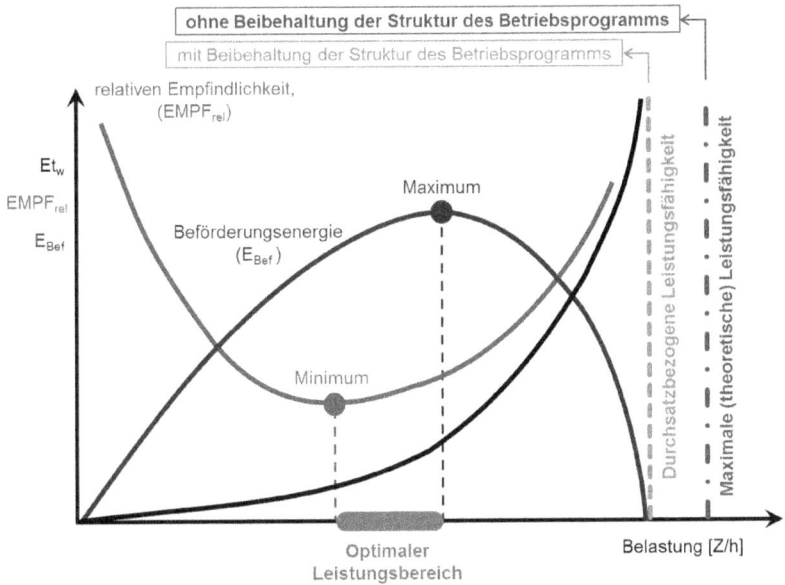

Abbildung 4-8: Leistungsuntersuchung zur Ermittlung des Optimalen Leistungsbereichs (Quelle: [Chu 2014])

Unter einer Belastung im Optimalen Leistungsbereich verhält sich ein Untersuchungsraum wirtschaftlich optimal. Es ist daher ratsam, Fahrpläne im Optimalen Leistungsbereich für die Festlegung der Bewertungsmaßstäbe der zu bewertenden Kenngrößen zugrunde zu legen. Im nachfolgenden Abschnitt (5.2.2) wird beschrieben, wie der Bewertungsmaßstab (Grenzwert der Kenngröße) für jede zu bewertende Kenngröße im Rahmen einer Engpassanalyse festgelegt wird.

5 Ansätze zur ursachenbezogenen Engpassanalyse

5.1 Überblick

Die Algorithmen zur ursachenbezogenen Engpassanalyse werden in zwei Untersuchungsschritte gegliedert:

1. Präzise Lokalisierung von Engpässen im Untersuchungsraum, um die Orte der Probleme zu erkennen.
2. Identifizierung der tatsächlichen Ursachen der lokalisierten Engpässe, um geeignete Maßnahmen zur Beseitigung der Engpässe bzw. zur Minderung von deren Wirkungen ableiten zu können.

Im Abschnitt 5.2 wird der Ansatz zur Lokalisierung von Engpässen beschrieben. Mit dem Suchalgorithmus in Abschnitt 5.3 werden die Ursachen für jeden bereits identifizierten Engpass gesucht und festgestellt.

5.2 Algorithmus zur Lokalisierung von Engpässen

5.2.1 Konzept zur Lokalisierung von Engpässen

Nachdem die Infrastruktur in gerichtete (Fahrwegkomponenten) und ungerichtete Belegungselemente (Basisstrukturen) unterteilt und die zu bewertenden Kenngrößen (Abschnitt 4.4) elementgenau ermittelt wurden, können Engpässe im Untersuchungsraum geortet werden. Ein Infrastrukturabschnitt (Basisstruktur oder Gruppe mehrerer benachbarter Basisstrukturen) wird als ein Engpass erkannt, wenn andere Fahrten, auf Grund der Belegung dieses Infrastrukturabschnitts, so stark beeinträchtigt werden, dass der Betrieb auf benachbarten Abschnitten behindert und damit die Betriebsqualität negativ beeinflusst wird ([Hantsch & Li et al. 2013]). Sowohl für ein grobes Betriebsprogramm als auch für eine konkrete Verdichtungsstufe unter Beibehaltung der Struktur des Betriebsprogramms werden Basisstrukturen (Infrastrukturabschnitte) nach verschiedenen Methoden als Engpässe identifiziert.

Im Mittelpunkt steht dabei die Erkennung von potenziellen Engpässen und deren Wirksamwerden bei steigenden Belastungen auf der Grundlage einer mikroskopischen Bewertung. Grundsätzlich sind in jedem beliebigen Untersuchungsraum Engpässe vorhanden, deren Wirkung nicht nur von der Infrastrukturgestaltung, sondern auch von den Verkehrsströmen, also dem Betriebsprogramm, abhängig ist. Das Ziel der Engpasserkennung besteht somit nicht nur darin, unmittelbar wirksame Engpässe bei einer bestimmten Belastung, sondern auch potenzielle Engpässe zu erkennen.

Im Rahmen dieser Untersuchung werden die lokalen Indikatoren **Engpassrelevanz** zur Bewertung eines groben Betriebsprogramms (Zugmix) und die **Engpasssignifikanz** zur Bewertung einer bestimmten Verdichtungsstufe identifiziert ([Hantsch & Li et al. 2013]). Die Engpassrelevanz beschreibt die Wahrscheinlichkeit, dass ein Infrastrukturabschnitt als Engpass unter bestimmten Bedingungen (Struktur des Betriebsprogramms) in Erscheinung tritt und verdeutlicht somit das Engpasspotenzial innerhalb eines Untersuchungsraums bei Anwendung eines bestimmten Betriebsprogramms. Die Engpasssignifikanz beschreibt, ob ein Engpass in Abhängigkeit von der festgelegten Grenze der Betriebsqualität, der Struktur eines bestimmten Betriebsprogramms und der betrachteten Belastung (Verdichtungsstufe) real auch tatsächlich betrieblichen Einfluss hat.

Je nach zugrunde liegender Aufgabenstellung bieten sich unterschiedliche Methoden zur Engpasserkennung an, von denen im Folgenden drei näher betrachtet werden.

Bei der Bestimmung der Engpassempfindlichkeit wird die Frage:

„Wie schnell verändert sich der Behinderungsgrad mit steigendem Belegungsgrad bei verdichtetem Betriebsprogramm?" beantwortet.

Unter **Engpassempfindlichkeit** versteht man die Geschwindigkeit des Anstiegs des Behinderungsgrads auf einem Infrastrukturabschnitt in Abhängigkeit von dessen Belegungsgrad (vgl. Abschnitt 4.4.3). Unter Nutzung der Engpassempfindlichkeit können Engpässe auf Grundlage eines groben Betriebsprogramms (mit zufallsbeeinflusster Fahrplanstruktur) bestimmt werden. Bei einem groben Betriebsprogramm ergibt sich die Engpassempfindlichkeit aus dem Vergleich mehrerer Verdichtungsstufen, also mehrerer Fahrplansimulationen. Eine hinreichende Anzahl von Fahrplänen jeder einzelnen Verdichtungsstufe wird dabei mit stochastischen Bedingungen unter Beibehaltung der Struktur des Betriebsprogramms erzeugt.

Neben der Bewertung der Engpassempfindlichkeit ist auch die Frage

„Wie viele Fahrten werden wegen Nicht erfüllbarer Belegungswünsche für einen Infrastrukturabschnitt behindert?"

von hoher Bedeutung. D.h. bei einer ungünstigen Konstellation der Zugfahrten innerhalb eines Betriebsprogramms können durchaus auch bei insgesamt niedriger Belegungszeit verhältnismäßig viele Züge auf einem Infrastrukturabschnitt behindert werden.

Der Belegungsgrad ist die dritte Möglichkeit bei der Identifizierung von Engpässen. Hier steht die Frage

„Welche Behinderungen ergeben sich aufgrund der gesamten Belegungszeit eines Infrastrukturabschnittes?"

im Mittelpunkt, d.h. es wird geprüft, zu welchem Anteil der betreffende Infrastrukturabschnitt nicht belegt ist.

Entsprechend der Ausrichtung der zu beantwortenden Fragen sind folgende drei abgeleiteten Kenngrößen als Kriterien für die Lokalisierung und die Priorisierung von Engpässen für die mit dem Berechnungsansatz in Abschnitt 4.4 ermittelten Basisstrukturen ausschlaggebend:

- Kriterium 1 (K1): Engpassempfindlichkeit
- Kriterium 2 (K2): Nicht erfüllbare Belegungswünsche
- Kriterium 3 (K3): Belegungsgrad

Für jede dieser Kenngrößen wird ein Grenzwert des Kriteriums abgeleitet. Sollte dieser Grenzwert überschritten werden, wird für die betroffene Basisstruktur das jeweilige Kriterium diagnostiziert. Je nach Betroffenheit der drei Kenngrößen wird ein Engpass in drei Klassen – Hoch, Mittel und Niedrig – eingestuft, die auch der Behandlungspriorität entsprechen.

5.2.2 Ermittlung der Grenzwerte für die Kriterien zur Lokalisierung von Engpässen

5.2.2.1 Kriterium 1 (K1) – Engpassempfindlichkeit

Ein Engpass wird entlang eines Fahrwegs, der sich aus einer zusammenhängenden Kette von Fahrwegkomponenten als gerichtete Belegungselemente zusammensetzt, durch den Verlauf der Engpassempfindlichkeit über die einzelnen Fahrwegkomponenten hinweg folgendermaßen diagnostiziert.

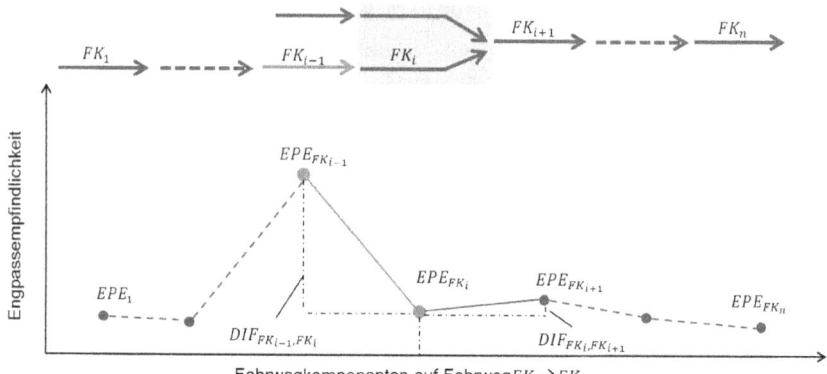

Abbildung 5-1: Verlauf der Engpassempfindlichkeit entlang des Fahrwegs

Schritt 1: Ermittlung von Kenngrößen für alle Fahrwegkomponenten

Nach dem Berechnungsverfahren in Abschnitt 4.4.3 wird die Engpassempfindlichkeit für jede Fahrwegkomponente berechnet.

Schritt 2: Ermittlung der Werteliste der Engpassempfindlichkeiten für einen Fahrweg

Mit Hilfe des Durchsuchens aller Fahrwegkomponenten nach Zugfahrten innerhalb des Untersuchungszeitraums werden befahrene Fahrwege festgestellt. Es wird dann für jeden Fahrweg $FK_1 \to FK_n$ eine Werteliste der Engpassempfindlichkeiten $\{EPE_{FK_1}, \cdots, EPE_{FK_{i-1}}, EPE_{FK_i}, EPE_{FK_{i+1}}, \cdots EPE_{FK_n}\}$ von FK_1 zu FK_n erstellt.

Schritt 3: Berechnung der Differenzen der Engpassempfindlichkeit entlang der Fahrwege

Für je zwei benachbarte Fahrwegkomponenten $(FK_1, FK_2), \cdots, (FK_{i-1}, FK_i), (FK_i, FK_{i+1}), \cdots (FK_{n-1}, FK_n)$ wird die Differenz (DIF) ihrer Engpassempfindlichkeiten berechnet als:

$$DIF_{FK_i, FK_{i+1}} = EPE_{FK_{i+1}} - EPE_{FK_i} \qquad (5\text{-}1)$$

Für einen Fahrweg mit n Fahrwegkomponenten ergibt sich daraus eine Liste mit $n-1$ Werten:

$$\{DIF_{FK_1,FK_2}, \cdots, DIF_{FK_{i-1},FK_i}, \quad DIF_{FK_i,FK_{i+1}}, \cdots DIF_{FK_{n-1},FK_n}\} \qquad (5\text{-}2)$$

Es werden für alle Fahrwege die Differenzen der benachbarten Fahrwegkomponenten berechnet:

$$\{DIF_{FK_1,FK_2}, \cdots, DIF_{FK_m}\} \qquad (5\text{-}3)$$

Schritt 4: Ermittlung des Grenzwerts der Differenzen der Engpassempfindlichkeiten

Ein Engpass wird diagnostiziert, wenn bei einer Fahrwegkomponente FK_i im Vergleich mit der vorherigen Fahrwegkomponente FK_{i-1} die Engpassempfindlichkeit $EPE_{FK_{i-1}}$ (zu EPE_{FK_i}) stark abnimmt. Das bedeutet, dass DIF_{i-1} einen Grenzwert überschreitet. Da die für die Bewertung zugrunde gelegten Fahrpläne zufallsbeeinflusst generiert wurden, wird der Grenzwert von $DIF(G_{dif})$ aus dem Durchschnittswert aller Differenzen der Engpassempfindlichkeiten benachbarter Fahrwegkomponenten ($\overline{DIF}$) berechnet, der mit der Standardabweichung σ_{dif} ausgeglichen wird.

$$\overline{DIF} = \frac{\sum_{i=1}^{m} DIF_{FK_i}}{m} \qquad (5\text{-}4)$$

$$\sigma_{dif} = \sqrt{\frac{\sum_{i=1}^{m}(DIF_{FK_i} - \overline{DIF})^2}{m}} \qquad (5\text{-}5)$$

$$G_{dif} = \overline{DIF} + \sigma_{dif} \qquad (5\text{-}6)$$

Dabei ist:

m: Anzahl der berechneten Differenzen der Engpassempfindlichkeiten benachbarter Fahrwegkomponenten eines Fahrwegs

Schritt 5: Lokalisierung von Engpässen nach K1 - Engpassempfindlichkeit

DIF_{FK_{i-1},FK_i} ist die Differenz der Engpassempfindlichkeiten eines Fahrwegkomponentenpaars (FK_{i-1}, FK_i). Ist DIF_{FK_{i-1},FK_i} größer als der Grenzwert G_{dif}, wird die zugehörige Basisstruktur der Fahrwegkomponente FK_i als Engpass identifiziert.

5.2.2.2 Kriterium 2 (K2) – Nicht erfüllbare Belegungswünsche

Zur Bestimmung des Grenzwerts für das zweite Kriterium „Nicht erfüllbare Belegungswünsche" wird für alle Basisstrukturen $BS_1, \cdots, BS_i, \cdots, BS_n$ die Kenngröße „Nicht erfüllbare Belegungswünsche" (NEB) für alle Fahrpläne im Optimalen Leistungsbereich nach dem Berechnungsverfahren in Abschnitt 4.4.4 ermittelt.

Für einen Fahrplan FP_k ist M_{NEB,FP_k} die Menge der Nicht erfüllbaren Belegungswünsche aller Basisstrukturen:

$$M_{NEB,FP_k} = \{NEB_{BS_1,FP_k}, \cdots NEB_{BS_i,FP_k} \cdots NEB_{BS_n,FP_k}\} \quad (5\text{-}7)$$

Dabei ist:

NEB_{BS_i,FP_k}: Nicht erfüllbare Belegungswünsche der Basisstruktur BS_i bei Fahrplan FP_k

Im Optimalen Leistungsbereich befinden sich N_k Fahrpläne:

$$M_{FPOLB} = \{FP_1, \cdots, FP_k \cdots, FP_{N_k}\}, FP_k \in Optimaler\ Leistungsbereich \quad (5\text{-}8)$$

Die Wertemenge $M_{NEB,OLB}$ der Nicht erfüllbaren Belegungswünsche aller Fahrpläne folgt aus:

$$M_{NEB,OLB} = \bigcup_{FP_k \in M_{FPOLB}} M_{NEB,FP_k} \quad (5\text{-}9)$$

Der Grenzwert G_{NEB} ergibt sich dann aus dem Durchschnittswert der erhaltenen Wertemenge $M_{NEB,OLB}$:

$$G_{NEB} = \frac{\sum NEB_{BS_i,FP_k}}{|M_{NEB,OLB}|} \quad (5\text{-}10)$$

Dabei sind:

$NEB_{BS_i,FP_k} \in M_{NEB,OLB}$

$|M_{NEB,OLB}|$: Anzahl der Elemente der Menge $M_{NEB,OLB}$ (NEB aller Basisstrukturen bei Fahrplänen im Optimalen Leistungsbereich)

5.2.2.3 Kriterium 3 (K3) – Belegungsgrad

Eine Behinderung tritt auf, wenn das zu belegende Belegungselement durch eine andere Zugfahrt belegt ist. Daher führt ein hoher Belegungsgrad eines Belegungselements oftmals zur Entstehung von Engpässen.

Wenn ein gerichtetes oder ungerichtetes Belegungselement einen hohen Belegungsgrad hat, können Belegungsanforderungen der Zugfahrten an dieses Belegungselement häufig nicht erfüllt werden. Aus diesem Grund wird der Belegungsgrad als das dritte Kriterium zur Identifizierung von Engpässen ausgewählt und für alle Basisstrukturen der jeweilige Belegungsgrad berechnet. Der Grenzwert wird mit der in Abschnitt 5.2.2.2 („Nicht erfüllbare Belegungswünsche") erläuterten Methode berechnet.

Anhand der drei Kriterien (K1, K2 und K3) können die Engpassrelevanz und -signifikanz lokalisiert werden.

Infrastrukturabschnitte mit hoher **Engpassrelevanz** kennzeichnen somit unter zunehmender Belastung die am empfindlichsten reagierenden Bereiche und sind demzufolge grundsätzlich bei allen Infrastrukturen, unabhängig von deren konkreter Leistungsanforderung, vorhanden. Die wesentlichen Fragen sind deshalb, wann und in welcher Form diese Engpässe wirksam werden. In Abhängigkeit von der festgelegten Grenze der Betriebsqualität, der Struktur des Betriebsprogramms und der betrachteten Leistungsanforderung (Belastung) wird ein potenzieller Engpass in der Realität tatsächlich wirksam oder tritt nicht direkt in Erscheinung. Die **Engpasssignifikanz** beschreibt daher, ob ein potenzieller Engpass mit der Erhöhung der Belastungen tatsächlich wirksam wird. In den nachfolgenden Abschnitten (5.2.3 und 5.2.4) werden die Ansätze zu Ermittlung von Engpassrelevanzen und Engpasssignifikanzen beschrieben.

5.2.3 Ermittlung von potenziellen Engpässen für ein grobes Betriebsprogramm

Werden die Grenzwerte der drei Kriterien K1, K2 und K3 festgelegt, können Engpässe im Untersuchungsraum lokalisiert und in Bezug auf das jeweilige Kriterium in drei Klassen - Hoch, Mittel und Niedrig eingestuft werden. Für ein grobes Betriebsprogramm werden Engpässe folgendermaßen lokalisiert:

- **K1**: Die Entwicklung der Engpassempfindlichkeiten der Fahrwegkomponenten entlang von Fahrwegen dient als das erste Kriterium zur Lokalisierung von Engpässen. Für jedes Paar zweier aufeinanderfolgender Fahrwegkomponenten wird die Differenz der Engpassempfindlichkeiten berechnet und mit dem ermittelten Grenzwert (siehe Algorithmus in Abschnitt 5.2.2.1) verglichen. Nimmt die Engpassempfindlichkeit einer Fahrwegkomponente stark ab, sodass die Differenz der Engpassempfindlichkeiten mit der vorherigen Fahrwegkomponente über dem Grenzwert liegt, wird Kriterium K1 erfüllt. Somit wird die zugehörige Basisstruktur dieser Fahrwegkomponente als engpassrelevant erkannt.
- **K2**: Für jede Basisstruktur im Untersuchungsraum wird der Mittelwert der Belegungsgrade aller Fahrpläne im Optimalen Leistungsbereich berechnet. Übersteigt der Mittelwert den Grenzwert des Belegungsgrads (siehe Abschnitt 5.2.2.2), ist diese Basisstruktur nach dem Kriterium K2 ein Engpass.
- **K3** (Analog zu K2): Ist der Mittelwert der Kenngröße „Nicht erfüllbare Belegungswünsche" einer Basisstruktur im Optimalen Leistungsbereich größer als der Grenzwert (siehe Abschnitt 5.2.2.3), wird das Kriterium K3 erfüllt.
- **Einstufung der Engpässe**: Die Basisstrukturen werden nach der Übereinstimmung der drei Kriterien nach Tabelle 1 folgendermaßen eingestuft: wenn das erste Kriterium K1 erfüllt wird, ist eine Basisstruktur ein Engpass. Wenn K2 als auch K3 erfüllt werden, hat der Engpass die Stufe „Hoch". Wird entweder K2 oder K3 erfüllt, hat der Engpass die Stufe „Mittel"; treffen weder K2 noch K3 zu, besitzt der Engpass nur die Stufe „Niedrig".

Ansätze zur ursachenbezogenen Engpassanalyse

Bewertungskriterium / Engpassstufe	K1	K2	K3
Hoch	✓	✓	✓
Mittel	✓	✓	✗
Mittel	✓	✗	✓
Niedrig	✓	✗	✗
Kein Engpass	✗	—	—

✓ Kriterium erfüllt   ✗ Kriterium nicht erfüllt   — Kriterium nicht berücksichtig

Tabelle 1: Einstufung von Engpässen nach den drei Kriterien K1, K2 und K3

5.2.4 Erkennung von signifikanten Engpässen für eine Verdichtungsstufe

Engpasssignifikanzen zeigen die Engpässe an, die unter einer bestimmten Leistungsanforderung (Verdichtungsstufe) betrieblich wirksam werden. Für eine konkrete Verdichtungsstufe werden die Engpasssignifikanzen nach den drei Kriterien (K1, K2 und K3) analog zu den Engpassrelevanzen lokalisiert. Der Unterschied besteht darin, dass zur Bewertung von K2 (Belegungsgrad) und K3 (Nicht erfüllbare Belegungswünsche) der Mittelwert aus allen Fahrplänen dieser Verdichtungsstufe bei gleichbleibender Belastung berechnet wird.

5.2.5 Ablauf zur Lokalisierung von Engpässen mit Simulationsverfahren

Engpässe werden im Untersuchungsraum bei einem Betriebsprogramm mit dem Simulationsverfahren schrittweise nach dem in Abbildung 5-2 dargestellten Algorithmus folgendermaßen lokalisiert:

- Eine Untersuchungsvariante (Untersuchungsraum + grobes Betriebsprogramm) wird aufbereitet und in ein ausgewähltes Simulationswerkzeug eingegeben.
- Unter Beibehaltung der Struktur des Betriebsprogramms werden Fahrpläne unterschiedlicher Verdichtungsstufen (Belastungen) unter stochastischen Bedingungen mit der Bewertungssoftware PULEIV generiert, die anschließend mit dem Simulationswerkzeug simuliert werden.

- Der globale Indikator „Optimaler Leistungsbereich" wird ermittelt. Die Fahrpläne innerhalb des Optimalen Leistungsbereichs liegen der Ermittlung der Grenzwerte des jeweiligen Kriteriums zugrunde.
- Aus den Simulationsergebnissen werden für alle gerichteten Belegungselemente (Fahrwegkomponenten) die infrastrukturbezogenen Kenngrößen Belegungsgrad und Behinderungsgrad ermittelt. Aus diesen Kenngrößen werden die erweiterten Kenngrößen Engpassempfindlichkeit, Nicht erfüllbare Belegungswünsche und Belegungsgrad für alle Basisstrukturen als Kriterien (K1, K2 und K3) zur Lokalisierung von Engpässen berechnet (Berechnungsverfahren in Abschnitt 4.4).
- Aus den zugrunde gelegten Fahrplänen im Optimalen Leistungsbereich werden die Grenzwerte für die drei Kriterien (K1, K2 und K3) nach den Ansätzen in Abschnitt 5.2.2 festgelegt (vgl. Abbildung 5-2).
- Zur Lokalisierung von Engpässen werden die drei Kriterien (K1, K2 und K3) für jede Basisstruktur mit den jeweiligen Grenzwerten verglichen und es wird dadurch bestimmt, ob diese Basisstruktur Engpassrelevanz des groben Betriebsprogramms oder Engpasssignifikanz einer konkreten Belastung (Verdichtungsstufe) besitzt. Nach Überprüfung der Erfüllbarkeit der Kriterien wird eine Basisstruktur in verschiedenen Stufen (Hoch, Mittel, Niedrig oder kein Engpass) bewertet (Bewertungsverfahren in den Abschnitten 5.2.3 und 5.2.3).

Ansätze zur ursachenbezogenen Engpassanalyse

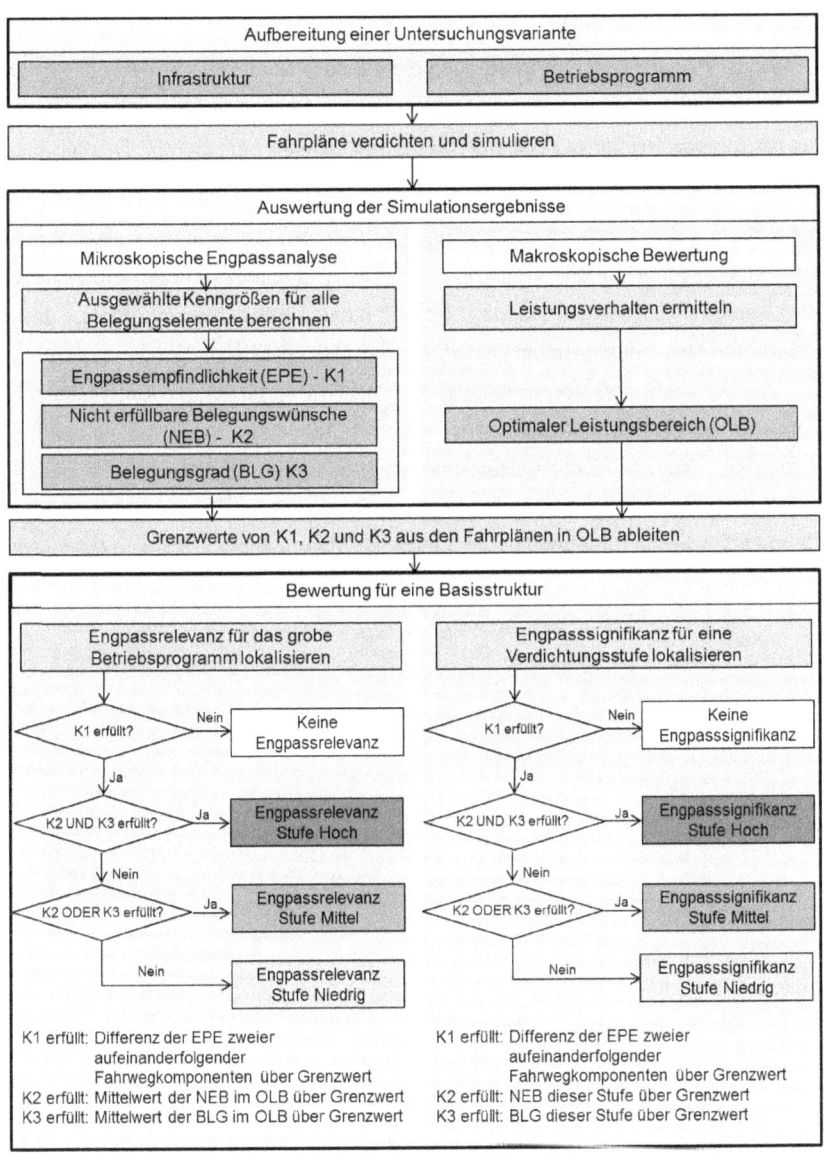

Abbildung 5-2: Verfahren zur Lokalisierung von Engpässen

5.2.6 Referenzbeispiel

In diesem Abschnitt wird die Anwendung der Methode zur Lokalisierung von Engpässen für Eisenbahnknoten mit einem Referenzbeispiel gezeigt, für das Beispiel werden die Engpassrelevanzen eines groben Betriebsprogramms und die Engpasssignifikanzen bei steigender Verdichtungen identifiziert.

In Abbildung 5-3 sind die Infrastruktur und das Betriebsprogramm dargestellt. Der für die Fahrplanverdichtungen zugrunde gelegte Basisfahrplan (Verdichtungsstufe 100%) enthält 7,5 Züge pro Stunde (Z/h). Mit mehreren Fahrplansimulationen unterschiedlicher Verdichtungsstufen wird zuerst der Optimale Leistungsbereich von 5,1–7,6 Z/h (entspricht den Verdichtungsstufen von 65% – 105%) des Untersuchungsraums für das grobe Betriebsprogramm ermittelt (Abbildung 5-4). Für die Bewertung werden bei jeder Verdichtungsstufe mehrere Fahrpläne mit stochastischen Bedingungen generiert und simuliert. Zur Bestimmung der Grenzwerte der Kriterien (K1, K2 und K3) werden die Fahrpläne im Optimalen Leistungsbereich (Fahrpläne in der gelben Hinterlegung) angewandt.

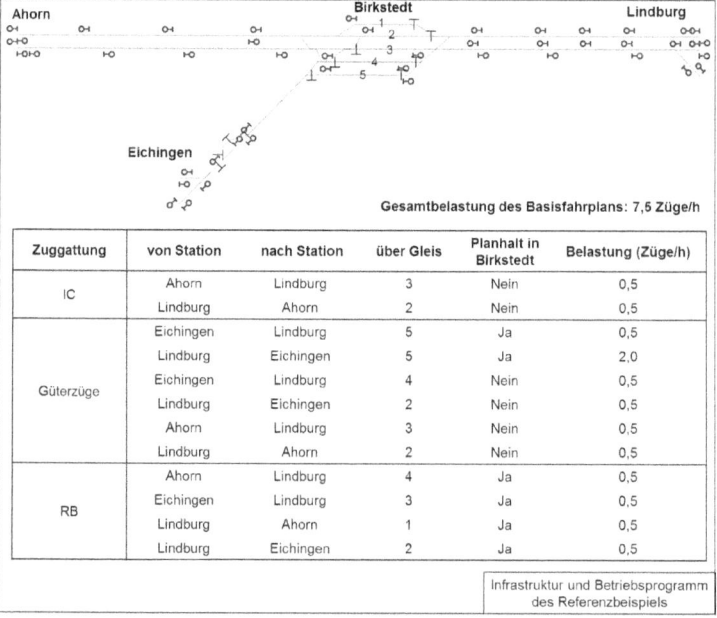

Zuggattung	von Station	nach Station	über Gleis	Planhalt in Birkstedt	Belastung (Züge/h)
IC	Ahorn	Lindburg	3	Nein	0,5
	Lindburg	Ahorn	2	Nein	0,5
Güterzüge	Eichingen	Lindburg	5	Ja	0,5
	Lindburg	Eichingen	5	Ja	2,0
	Eichingen	Lindburg	4	Nein	0,5
	Lindburg	Eichingen	2	Nein	0,5
	Ahorn	Lindburg	3	Nein	0,5
	Lindburg	Ahorn	2	Nein	0,5
RB	Ahorn	Lindburg	4	Ja	0,5
	Eichingen	Lindburg	3	Ja	0,5
	Lindburg	Ahorn	1	Ja	0,5
	Lindburg	Eichingen	2	Ja	0,5

Infrastruktur und Betriebsprogramm des Referenzbeispiels

Abbildung 5-3: Infrastruktur und Betriebsprogramm des Referenzbeispiels

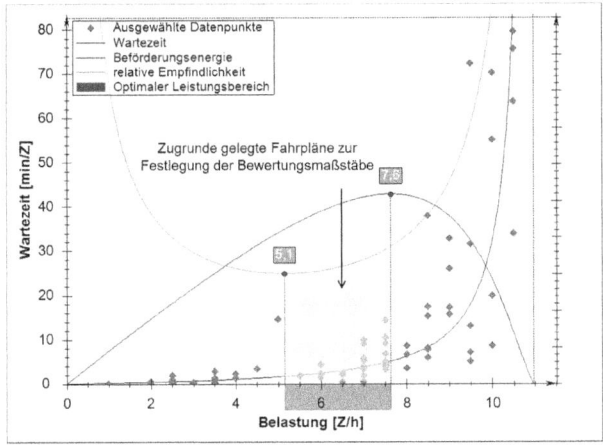

Abbildung 5-4: Optimaler Leistungsbereich eines Beispielbahnhofs

In Tabelle 2 und Abbildung 5-5 werden die Ergebnisse der lokalisierten Engpassrelevanzen und Engpasssignifikanzen des Referenzbeispiels mit dem in der vorliegenden Arbeit beschriebenen Bewertungsverfahren gezeigt. Das Schaubild im oberen Teil der Abbildung stellt die Engpassrelevanzen des groben Betriebsprogramms dar. Im Diagramm unten werden die Engpasssignifikanzen verschiedener Verdichtungsstufen beispielhaft veranschaulicht. Hier wird der Verlauf des Wirksamwerdens von zwei Engpassrelevanzen der drei Engpässe 1 und 2 als Engpasssignifikanzen bei steigenden Verdichtungsstufen dargestellt.

OLB: 5,1 – 7,6 Z/h (Verdichtungsstufe 65 – 105%)	Engpass 1	Engpass 2
Engpassrelevanz bei grobem Betriebsprogramm	Hoch	Mittel
Engpasssignifikanzen bei Verdichtungsstufen		
Verdichtungsstufe 55% (4 Z/h)	Niedrig	Niedrig
Verdichtungsstufe 85% (6 Z/h)	Mittel	Mittel
Verdichtungsstufe 100% (7,5 Z/h)	Hoch	Mittel
Verdichtungsstufe 150% (14 Z/h)	Hoch	Hoch

Tabelle 2: Engpassrelevanzen und –signifikanzen des Referenzbeispiels

Ansätze zur ursachenbezogenen Engpassanalyse

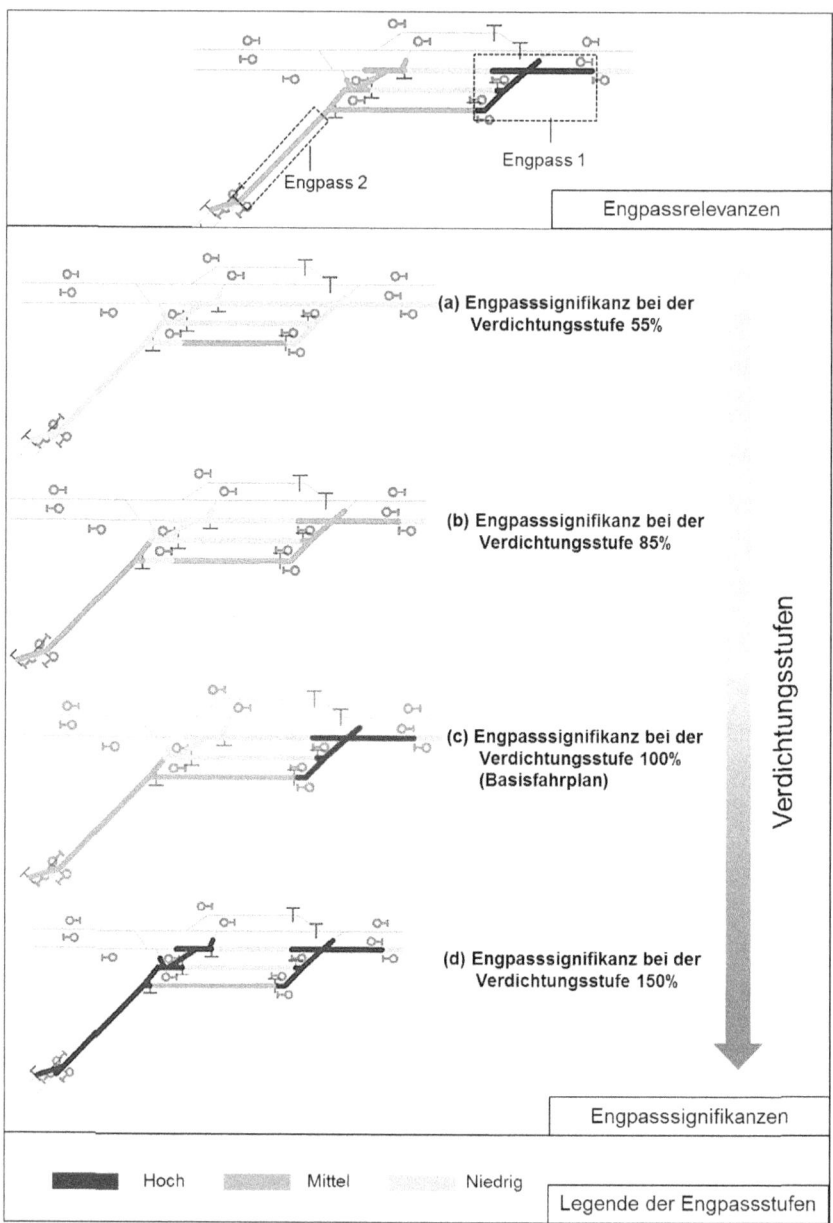

Abbildung 5-5: Engpassrelevanzen und –signifikanzen eines Beispielbahnhofs

In diesem Beispiel ist Engpass 1 ein Engpass mit hoher Relevanz und Engpass 2 ein Engpass mit mittlerer Relevanz. D.h. Engpass 1 hat somit die höchste Wahrscheinlichkeit, bereits bei einer niedrigen Belastung (Verdichtungsstufe) wirksam zu werden. Bei einer niedrigen Verdichtungsstufe unterhalb des Optimalen Leistungsbereichs (z.b. 55%) bleibt die Signifikanz beider Engpässe erwartungsgemäß nur niedrig (Abbildung 5-5 (a)). Liegt die Belastung innerhalb des Optimalen Leistungsbereichs (Verdichtungsstufe 85%), besitzt Engpass 1 eine mittlere Signifikanz (Abbildung 5-5 (b)).Die Belastung des für die Fahrplanverdichtung zugrunde gelegten Basisfahrplans (Verdichtungsstufe 100%, Belastung 7,5 Z/h) befindet sich unmittelbar an der Obergrenze (7,6 Z/h) des Optimalen Leistungsbereichs. Ab dieser Verdichtungsstufe erreicht die Engpasssignifikanz der Engpässe 1 und 2 die Stufe der Engpassrelevanz (Engpass 1 hohe und Engpass 2 mittlere Signifikanz, Abbildung 5-5 (c)).Wird die Belastung weiter erhöht bis zu einer hohen Verdichtungsstufe von 150%, werden beide Engpässe 1 und 2 mit einer hohen Signifikanz sichtbar.

5.3 Algorithmus zur Lokalisierung der tatsächlichen Engpassursachen

In den vorangegangenen Abschnitten wurde die Methode zur Lokalisierung von Engpässen beschrieben. Das Ziel einer Engpassanalyse besteht aber nicht nur darin Engpässe zu finden, sondern auch geeignete Maßnahmen zur Beseitigung von Engpässen abzuleiten oder zumindest deren Wirkung zu minimieren. Das kann allerdings nur erreicht werden, wenn die Ursachen der Engpässe bekannt sind. Im Rahmen dieses Forschungsprojekts wurde ein Suchalgorithmus zur Bestimmung der tatsächlichen Ursachen entwickelt, indem der Verlauf der Behinderungen entlang der Fahrwege detailliert analysiert wurde.

Das Grundkonzept des Algorithmus basiert auf einer mikroskopischen Analyse, um zunächst zu beantworten, bei welchen Situationen Behinderungen auftreten können, da die Engpässe auf diese Weise durch die auftretenden Behinderungen erkennbar werden. Ausgehend von der Analyse werden Behinderungen in Abschnitt 5.3.1(siehe auch Veröffentlichung im Rahmen des Projekts [Li & Martin 2013]) kategorisiert, und darauf aufbauend das Grundkonzept in Abschnitt 5.3.2 eingeführt wird. Der Suchalgorithmus zur Lokalisierung von Ursachen wird in Abschnitt 5.3.3 und 5.3.4 vorgestellt.

5.3.1 Kategorisierung von Behinderungen

Da Zugfahrten auch auf den benachbarten Belegungselementen der Engpässe oftmals stark behindert werden, ist es erforderlich, die Behinderungen auf den einzelnen gerichteten Belegungselementen gezielt zu untersuchen. Hierzu gehören deren Entstehungsursachen sowie die aus einer Behinderung entstehende Folge zeitlich veränderter Fahrtenverläufe. Behinderungen können dabei nach Häufigkeit in Bezug auf eine Zugtrasse und nach Einflussweite in Bezug auf Zugtrassen im Gesamtgefüge folgendermaßen kategorisiert werden (Abbildung 5-6) ([Li & Martin 2013]):

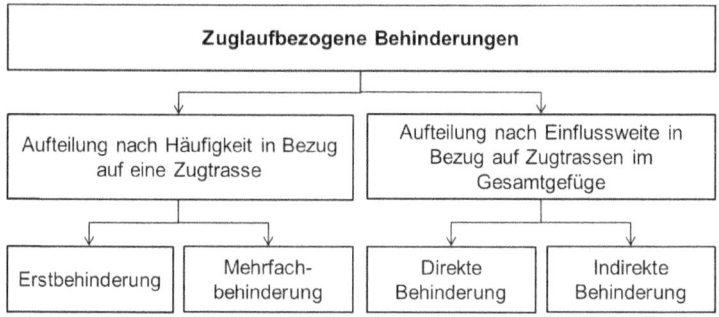

Abbildung 5-6: Kategorisierung von Behinderungen (Quelle: eigene Darstellung in [Li & Martin 2013])

Aufteilung nach Häufigkeit in Bezug auf eine Zugtrasse

Erstbehinderung – Erstmals auftretende Behinderung eines Zugs aufgrund eines Konflikts.

Mehrfachbehinderung – Ein Zug hat nach der Erstbehinderung während des Fahrtverlaufs weitere Behinderungen auf nachfolgenden Belegungselementen. Mehrfachbehinderungen können beispielsweise auftreten, wenn ein Zug nach außerplanmäßigem Halt oder Bremsen zur Behebung eines Konflikts wiederanfährt.

Ansätze zur ursachenbezogenen Engpassanalyse

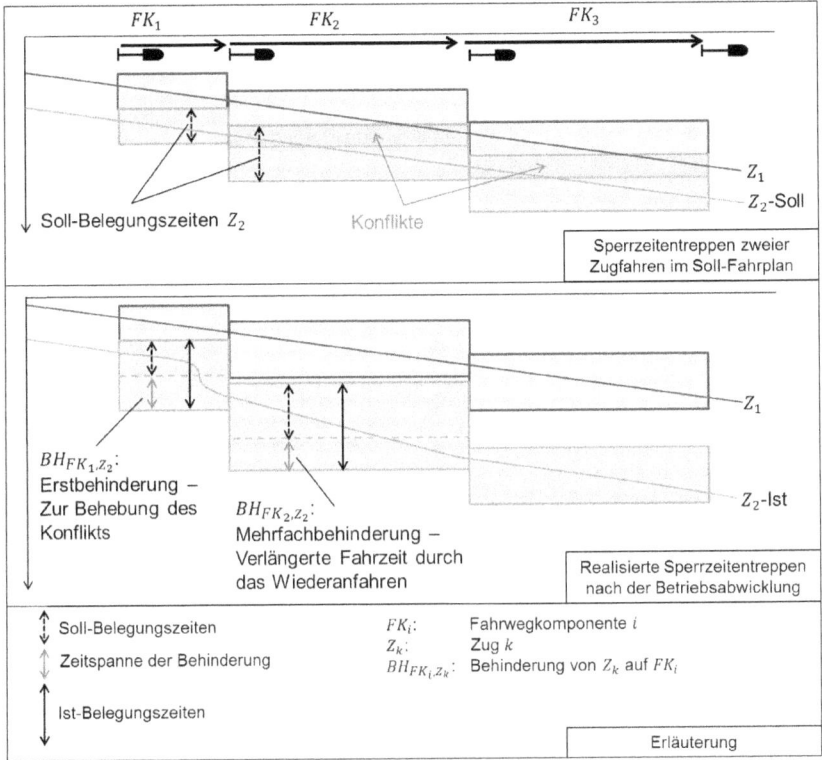

Abbildung 5-7: Behinderungen nach Häufigkeit (Quelle: Modifizierte eigene Darstellung in [Li & Martin 2013])

Im Beispiel in Abbildung 5-7, wird Zug Z_2 nach einem behinderungsfreien Betriebsablauf zum ersten Mal an FK_1 durch eine andere Zugfahrt (Z_1) auf FK_2 behindert. Die außerplanmäßige Haltezeit (bzw. das außerplanmäßige Bremsen) auf FK_1 zur Behebung des Konflikts führt zu einer Behinderung BH_{FK_1,Z_2}. Weiterhin führen solche außerplanmäßigen Halte auch zu einer verlängerten Fahrzeit auf FK_2 durch Wiederanfahren (BH_{FK_2,Z_2}). Auf Z_2 bezogen handelt es sich bei der Behinderung auf FK_1 (BH_{FK_1,Z_2}) um eine Erstbehinderung und bei der auf FK_2 (BH_{FK_2,Z_2}) um eine Mehrfachbehinderung.

Ansätze zur ursachenbezogenen Engpassanalyse

Aufteilung nach Einflussweite

Da die tatsächlichen Ursachen von Engpässen sich nicht immer nur im unmittelbaren Umfeld der Engpässe befinden, werden Behinderungen nach deren Einflussweite kategorisiert als direkte Behinderung und indirekte Behinderung.

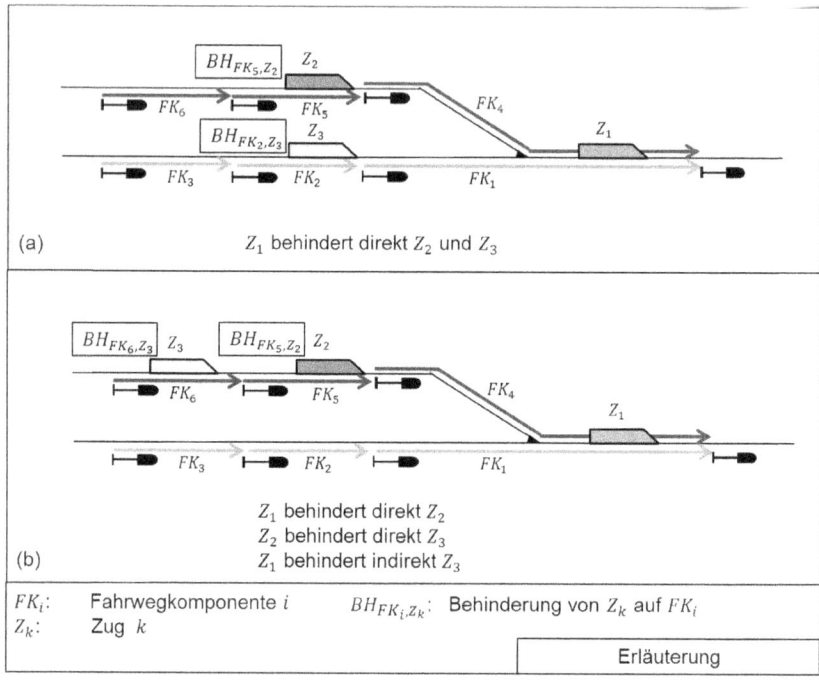

Abbildung 5-8: Behinderungen nach Einflussweite (Quelle: Modifizierte eigene Darstellung in [Li & Martin 2013])

Direkte Behinderung: Die Behinderung entsteht unmittelbar an der verursachenden Stelle. Werden wie im Beispiel in Abbildung 5-8(a), die Züge Z_2 auf FK_5 und Z_3 auf FK_5 direkt durch den Zug Z_1 auf FK_4 behindert, handelt es sich die den Behinderungen BH_{FK_5,Z_2} und BH_{FK_5,Z_2} um direkte Behinderungen.

Indirekte Behinderung: Die Behinderung tritt beim Zusammenwirken mehrerer Zugfahrten auf. Im Beispiel in Abbildung 5-8 (b) wird Z_3 von Z_2 behindert, der wiederum von Z_1 behindert wird, sodass sich die Behinderung von Z_2 durch Z_1 weiter auf Z_3 fortpflanzt. Die Behinderung von Z_3 auf FK_6 ist somit eine indirekte Behinderung, die

80   Entwicklung einer simulationsbasierten Methodik zur ursachenbezogenen Engpassbewertung

nicht durch die unmittelbar benachbarten, sondern durch weiter entfernte Belegungselemente verursacht wird.

5.3.2 Hintergrund und Grundkonzept

Nach dem Verfahren in Abschnitt 5.2 werden betriebsbehindernde Infrastrukturabschnitte als Engpässe im Untersuchungsraum lokalisiert, wenn auf deren benachbarten Abschnitten die dort auftretenden Behinderungen (behinderungsbedingte Wartezeiten) überschritten werden. Dadurch werden die Schwächen im Untersuchungsraum deutlich und die drei wichtigen Fragen[5] bei der Engpassanalyse (Abschnitt 5.2.1) zielführend beantwortet. Die Lokalisierung von Engpässen ist eine Diagnosephase. Sie gibt an, wo sich die Probleme in einem Untersuchungsraum befinden. Für die weitere Bewertungs- und Behandlungsphase ist sie Voraussetzung und daher unverzichtbar.

Im Sinne der Leistungsuntersuchung können Ursachen von Engpässen in infrastrukturelle (z. B. Infrastrukturgestaltung) und betriebliche (z. B. Betriebsprogramm oder Fahrzeuge) Ursachen unterteilt werden. Ein Engpass kann dabei durch mehrere Ursachen hervorgerufen werden.

Im Gegensatz zur Wirksamkeit von Engpässen sind die Ursachen, die die Engpässe auslösen, oftmals nicht offensichtlich, da ein Engpass auch durch das Zusammenwirken mehrerer Einflüsse verursacht werden kann. Darüber hinaus befinden sich die tatsächlichen Ursachen des Engpasses nicht immer in unmittelbarer Nähe. Im realen Betrieb kann eine an einer Stelle auftretende Behinderung somit nicht nur die benachbarten Abschnitte beeinflussen, sondern auch zu Beeinträchtigungen an weiter entfernten Stellen führen. Ein solcher Effekt wird durch die folgenden vier Beispiele dargestellt.

---

[5] Frage 1: Wie schnell verändert sich der Behinderungsgrad mit steigendem Belegungsgrad bei verdichtetem Betriebsprogramm?

Frage 2: Wie viele Fahrten werden wegen Nicht erfüllbarer Belegungswünsche für einen Infrastrukturabschnitt behindert?

Frage 3: Welche Behinderungen ergeben sich aufgrund der gesamten Belegungszeit eines Infrastrukturabschnittes?

Beispiel 1: Ursache befindet sich unmittelbar am Engpass und verursacht die Behinderungen am Engpass direkt

Im ersten Beispiel in Abbildung 5-9 fädeln drei Züge Z_1, Z_2 und Z_3 ein. Z_1 fährt vor Z_2 und Z_3 und behindert dabei die nachfolgenden Züge bei der Einfädelung (hier auf Basisstruktur BS_1), wenn sie zum gleichen Zeitpunkt BS_1 belegen wollen. Die dort auftretenden Behinderungen BH_{FK_1,Z_2} und BH_{FK_3,Z_3} sind Nicht erfüllbare Belegungswünsche auf BS_1. Dadurch wird BS_1 als Engpass erkennbar. In diesem Fall liegt die Ursache an Z_1 aufgrund seiner Belegung des Engpasses BS_1, d.h. die Ursachen befinden sich unmittelbar am Engpass.

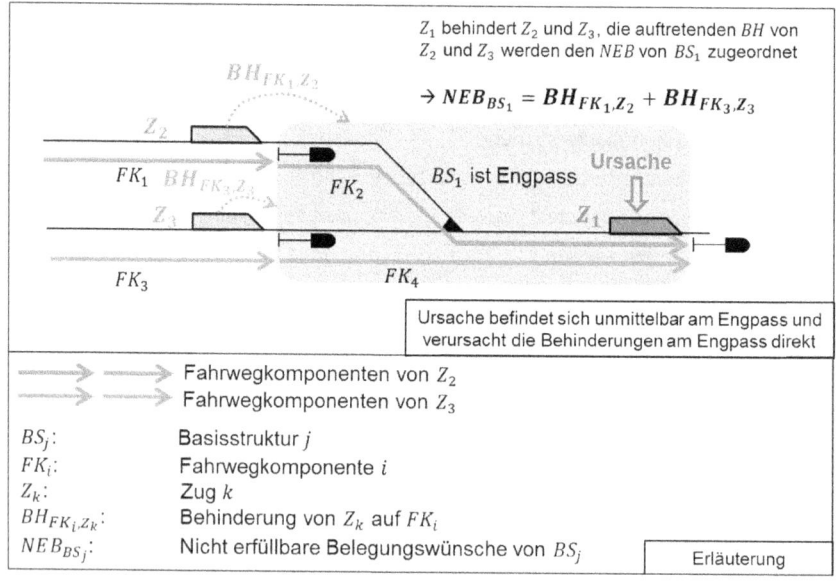

Abbildung 5-9: Beispiel 1 – Ursachen befindet sich unmittelbar am Engpass (direkte Behinderung)

Beispiel 2: Ursache befindet sich unmittelbar am Engpass, aber verursacht die Behinderungen am Engpass indirekt

Im zweiten Beispiel in Abbildung 5-10 fahren zwei Züge Z_2 und Z_3 auf einer Strecke mit Gleiswechselbetrieb. Z_2 wird durch Z_1 bei der Einfädelung (hier auf Basisstruktur BS_1) behindert, wenn er zum gleichen Zeitpunkt BS_1 belegen will, an dem Z_1 BS_1 belegt. Da Z_2 aufgrund der Behinderung den Blockabschnitt länger belegen muss, in den Z_3 einfahren möchte, behindert Z_2 wiederrum Z_3. Die dort auftretenden Behinderungen BH_{FK_1,Z_2} und BH_{FK_3,Z_3} sind Nicht erfüllbare Belegungswünsche auf BS_1; allerdings wird BH_{FK_3,Z_3} nicht direkt von Z_2 sondern von Z_1 verursacht. In diesem Fall liegt die Ursache an Z_1 aufgrund seiner Belegung des Engpasses BS_1; d.h. die Ursachen befinden sich zwar unmittelbar am Engpass, aber darüber hinaus wird noch die indirekte Behinderung von Z_3 verursacht.

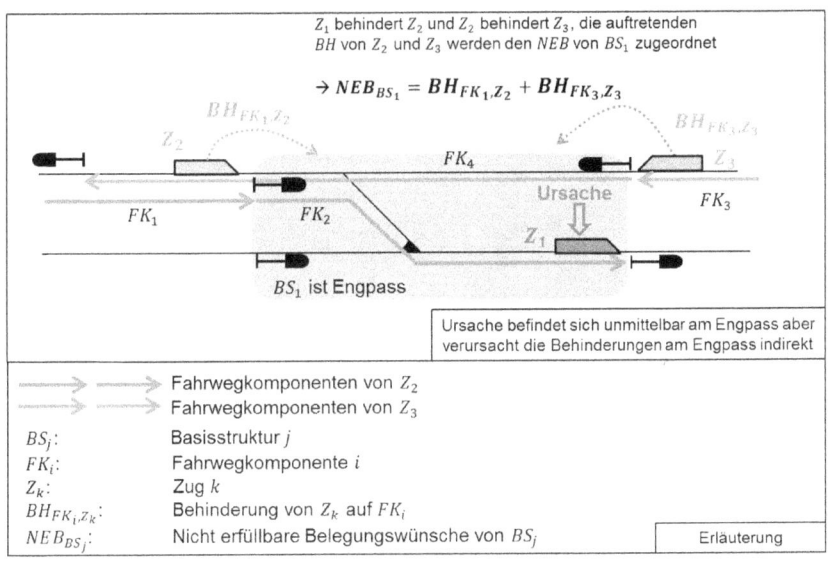

Abbildung 5-10: Beispiel 2 – Ursachen befindet sich unmittelbar am Engpass (indirekte Behinderung)

Beispiel 3: Ursache befindet sich nicht unmittelbar an Engpässen, aber verursacht die Behinderungen an Engpässen direkt

Bei einer anderen Situation (Infrastruktur und Zugfolgefall) in Abbildung 5-11 wollen drei Züge Z_1 (Fahrweg in Rot), Z_2 (Fahrweg in Blau) und Z_3 (Fahrweg in Grün) aus drei verschiedenen Richtungen ein gemeinsames Gleis nutzen. Z_1 belegt zuerst das Gleis mit einer langen planmäßigen Haltezeit, was dazu führt, dass die Belegungswünsche von Z_2 und Z_3 zu diesem Zeitpunkt nicht erfüllt werden können und beide Züge vor der Einfahrt warten müssen. Die dort entstehenden Behinderungen werden jeweils BS_1 und BS_2 (Nicht erfüllbare Belegungswünsche) zugeordnet, die als Engpässe in Erscheinung treten. Die tatsächliche Ursache der Engpässe liegt zwar an der langen Haltezeit von Z_1; ein Zusammenhang zwischen der Ursache und den lokalisierten Engpässen kann allerdings nicht unmittelbar abgeleitet werden. In diesem Zugfolgefall schließen sich die drei Zugfahrten gegenseitig aus, Z_1 behindert Z_2 und Z_3 direkt. Aufgrund der Gleistopologie treten die Behinderungen dabei nicht unmittelbar neben der Engpassursache auf.

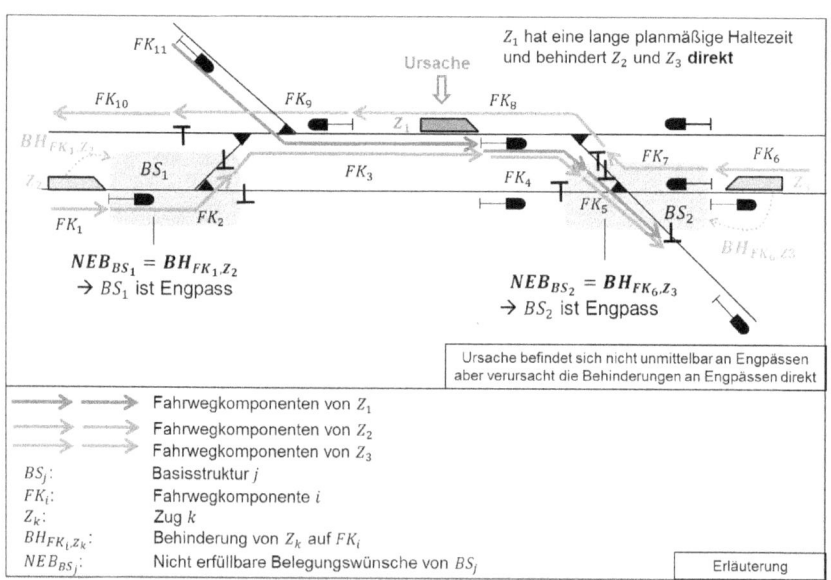

Abbildung 5-11: Beispiel 3 – Ursache befindet sich nicht unmittelbar an Engpässen aber verursacht die Behinderungen an Engpässen direkt

Ansätze zur ursachenbezogenen Engpassanalyse

Beispiel 4: Ursache befindet sich nicht unmittelbar an Engpässen und verursacht die Behinderungen an Engpässen indirekt

Im Beispiel 4 (Abbildung 5-12) wird die übertragene Wirkung einer Behinderung bei einem einfachen Zugfolgefall dargestellt. Drei Züge fahren auf drei Fahrwegen in der Reihenfolge $Z_1 - Z_2 - Z_3$.

Z_1 und Z_2 sind kreuzende Zugfahrten und Z_2 wird durch Z_1 behindert, wenn die Kreuzung zeitgleich erfolgen soll. Wenn Z_2 planmäßig fährt, folgt Z_3 konfliktfrei Z_2. Wird Z_2 dagegen behindert und muss außerplanmäßig länger halten, wird Z_3 behindert. Die auftretenden Behinderungen von Z_2 und Z_3 werden jeweils den Basisstrukturen BS_1 und BS_2 als Nicht erfüllbare Belegungswünsche zugeordnet (Abbildung 5-12).

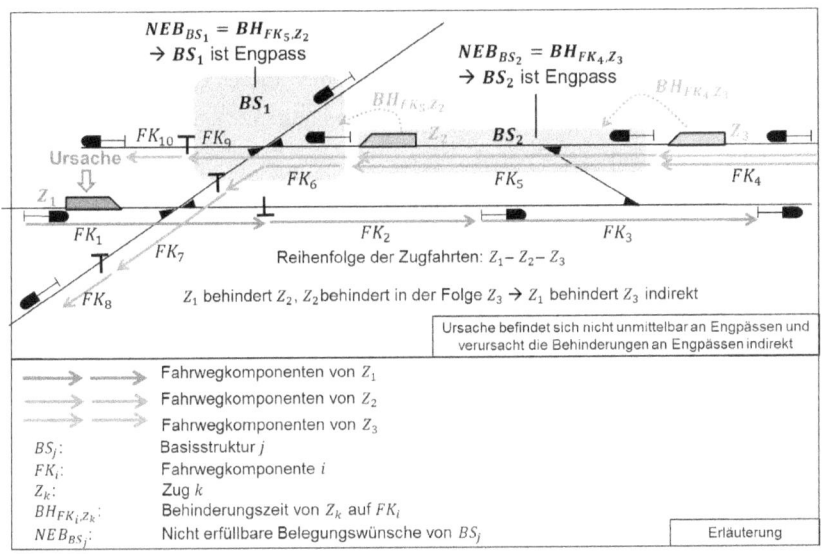

Abbildung 5-12: Beispiel 4 – Ursachen befinden sich nicht direkt an Engpässe – indirekte Behinderungen

Z_2 und Z_3 sind nachfolgende Fahrten, die nach der Kreuzungsweiche ausfädeln, sodass sich Z_1 und Z_2, Z_2 und Z_3 jeweils ausschließen. Z_1 und Z_3 sind Zugfahrten auf zwei nebeneinander verlaufenden Gleisen. Ein Fahrstraßenausschluss ist nicht vorhanden. Daher schließen sie sich nicht direkt aus. Die Behinderung, die bei Z_3 auftritt, muss nicht unmittelbar von direkt benachbarten Abschnitten stammen, sondern kann (wie im Beispiel 3 in Abbildung 5-12 dargestellt) von einer anderen Behinderung übertragen worden sein. Bei einem solchen Fall ist die tatsächliche Ursache durch die Übertragung der Behinderungen und das Zusammenwirken mehrerer Zugfahrten nicht direkt erkennbar. Es ist infolgedessen nicht trivial, geeignete Maßnahmen unmittelbar abzuleiten. Aus diesem Grund ist es eine weitere wichtige Aufgabe bei der ursachenbezogenen Engpassanalyse im Rahmen dieses Forschungsprojekts, die tatsächlichen Ursachen der erkannten Engpässe zu identifizieren.

Grundkonzept

Bei der Lokalisierung von Engpässen werden die betriebsbehindernden Infrastrukturabschnitte bestimmt, die Zugfahrten auf benachbarten Abschnitten behindern. Die direkt an den Engpässen auftretenden Behinderungen werden bei der Bewertung berücksichtigt. Für die Ursachenfindung von Engpässen wird die Frage beantwortet, wie eine Behinderung an einem Engpass entsteht und ob sie direkt vom Engpass selbst oder einer anderen Stellen verursacht wird. Im Vergleich zur Lokalisierung wird bei der Ursachenfindung der Verlauf der Behinderungen untersucht, um dadurch die tatsächlichen Ursachen der Behinderung zu erkennen. Das Grundkonzept der Ursachenfindung besteht darin, die auftretenden Behinderungen in direkte oder indirekte Behinderungen zu unterteilen und die Auslöser der indirekten Behinderungen entlang der Fahrwege zu bestimmen. Für diesen Zweck wurde ein Suchalgorithmus im Rahmen des Projekts entwickelt, der es ermöglicht, die auftretenden Behinderungen den auslösenden Ursachen zuzuordnen.

5.3.3 Suchalgorithmus zur Zuordnung von Engpassursachen

Zur Identifizierung der Engpässe werden lokal auftretende Behinderungen (behinderungsbedingte Wartezeiten) der Züge an einem Belegungselement betrachtet. Die auftretende Behinderung wird jedoch nicht immer durch das unmittelbar benachbarte Belegungselement verursacht, sondern sie kann auch durch Übertragung einer Behinderung aus einem weiter entfernt liegenden Belegungselement entstehen. Aus diesem Grund beruht der Algorithmus zur Ursachenfindung auf der Zuordnung der auftretenden Behinderungen zu maßgebenden verursachenden Belegungselementen mittels einer neuen Kenngröße **„Belegungselementverursachte Behinderung" (BBH)**, indem der Behinderungsverlauf der im Fahrweg aneinandergereihten Fahrwegkomponenten untersucht wird.

Definition: Belegungselementverursachte Behinderung (BBH) eines Belegungselements (gerichtet oder ungerichtet) ist die Summe der Behinderungen aller Züge, die von der Belegung dieses Belegungselements verursacht werden. Es werden für ein Belegungselement summarisch die auftretenden Behinderungen der Züge, die unmittelbar von ihm behindert werden, und auch die Anteile der auftretenden Behinderungen derjenigen Züge, die infolge von übertragenen Behinderungen indirekt von diesem Belegungselement behindert werden, ausgewiesen. Sie wird in der Einheit [Zeit / Zug] gemessen.

Mit diesem Verfahren können die Ursachen für Behinderungen festgestellt werden, durch die Engpässe wirksam werden. Darüber hinaus können geeignete Maßnahmen abgeleitet werden, indem die verursachenden Fahrwegkomponenten untersucht werden. Für einen lokalisierten Engpass werden die **belegungselementverursachten Behinderungen** durch folgende Schritte iterativ bestimmt:

Schritt 1: Ermittlung der Behinderungen

Nach Abschnitt 4.4.4 werden für die Basisstruktur(en) an jedem zu untersuchenden Engpass alle Fahrwegkomponenten mit Belegungswünschen bestimmt:

$$\{FK_1, \cdots, FK_i, \cdots, FK_{N_{fk}}\} \tag{5-11}$$

Dabei ist

N_{fk}: Anzahl der Fahrwegkomponenten mit Belegungswünschen des zu untersuchenden Engpasses

Für jede Fahrwegkomponente FK_i werden alle Zugfahrten $\{Z_1, \cdots, Z_k, \cdots, Z_{N_Z}\}$ und die dort auftretende Behinderung BH_{FK_i,Z_k} ermittelt.

Dabei sind:

N_Z: Anzahl der Zugfahrten auf der Fahrwegkomponente FK_i

BH_{FK_i,Z_k}: Behinderung von Zug Z_k auf Fahrwegkomponente FK_i

Um die tatsächliche Ursache der Behinderung zu identifizieren, wird für jede Zugfahrt Z_k die auftretende Behinderung auf FK_i (BH_{FK_i,Z_k}) entlang des Fahrtverlaufs entsprechend der nachfolgenden Schritte 2-5 untersucht.

Schritt 2: Bestimmung der Art der auftretenden Behinderung BH_{FK_i,Z_k} eines Zugs Z_k auf einer Fahrwegkomponente FK_i

Tritt eine Behinderung BH_{FK_i,Z_k} auf einer Fahrwegkomponente FK_i auf, kann es sich um direkte oder indirekte Behinderungen oder um eine Kombination der beiden Arten handeln. Um die Ursachen festzustellen, muss zuerst bestimmt werden, welche Art der Behinderung auftritt bzw. ob eine Kombination beider Arten vorliegt.

Es wird zuerst geprüft, ob Z_k auf FK_i durch einen anderen Zug Z_{bh} behindert wird. Ein Zug wird durch einen anderen Zug behindert, wenn die nächste zu belegende Fahrstraße oder eine der sich ausschließenden Fahrstraßen zum gleichen Zeitpunkt durch einen anderen Zug belegt ist. Im Beispiel (a) in Abbildung 5-13 möchte Z_k die Fahrstraße A→C belegen. Der Belegungswunsch wird jedoch nicht erfüllt, weil die Fahrstraße wegen einer anderen Zugfahrt Z_{bh} auf der sich ausschließenden Fahrstraße B→C nicht einstellbar ist.

Im anderen Fall im Beispiel (b) in Abbildung 5-13 befindet sich kein behindernder Zug auf der Fahrstraße A→C oder B→C. D.h. die Behinderung tritt auf, obwohl die zu belegende Fahrstraße frei ist. Eine solche Behinderung bezieht sich auf eine Urverspätung[6] oder Mehrfachbehinderung durch außerplanmäßiges Wiederanfahren nach der Behebung von Konflikten (siehe Abschnitt 5.3.1).

---

[6] Urverspätung: Außerplanmäßige Fahr- und Haltezeiten infolge technischer, verkehrlicher, betrieblicher Störungen oder sonstiger ungeplanter Ereignisse.

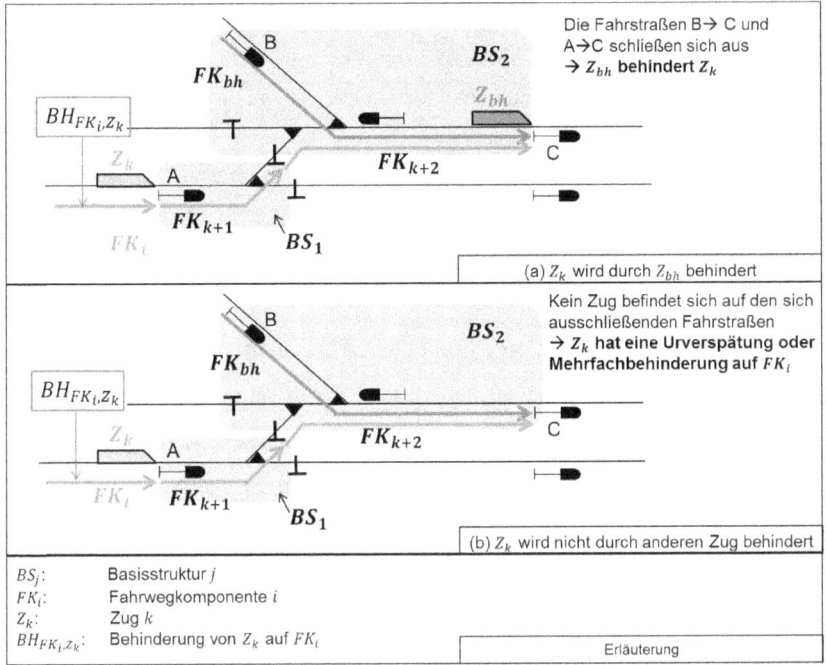

Abbildung 5-13: Bestimmung der Art der auftretenden Behinderung

Es gelten folgende Annahmen bei der Entwicklung des Suchalgorithmus:

1. Mit dem Simulationsverfahren im Rahmen dieser Forschungsarbeit werden Fahrplansimulationen durchgeführt. Im Vergleich mit Betriebssimulationen, bei denen die im realen Betrieb auftretenden Urverspätungen in Form von verschiedenen Störungen eingegeben werden können, wird bei Fahrplansimulationen die Wirkung der Urverspätungen lediglich indirekt durch die stochastischen Bedingungen bei zufällig generierten Fahrplänen widergespiegelt. Daher beziehen sich alle auftretenden Behinderungen bei dieser Methode auf behinderungsbedingte Ursachen (Folgeverspätungen aus Konflikten).

2. Bei der eingesetzten Methode zur Fahrplanverdichtung mit stochastischen Bedingungen werden Zugfolgepufferzeiten und Zeitzuschläge nicht berücksichtigt. Diese Randbedingung beeinträchtigt die Ergebnisse der Engpassanalyse jedoch nicht; mitunter können manche potenzielle Engpässe dadurch sogar besser er-

kannt werden. Der Grund ist, dass durch die Nutzung von Pufferzeiten und Zeitzuschlägen Behinderungen beseitigt werden können, wodurch der Verspätungsverlauf nicht oder nur eingeschränkt zu verfolgen ist und demzufolge manche potentielle Engpässe verbogen bleiben.

3. In der Praxis dürfen Züge (z.B. Güterzüge) durch notwendige Dispositionsmaßnahmen zwar auch vor der planmäßigen Abfahrtszeit abfahren, jedoch ist die so entstehende Verfrühung nicht zielführend für die Bewertung im Sinne der vorliegenden Arbeit. Daher ist ein vorzeitiges Abfahren nicht gestattet.

Identifizierung des Zugs Z_{bh}, der Z_k unmittelbar behindert:

a) Für Z_k wird zuerst die nächste zu belegende Fahrstraße nach der Fahrwegkomponente FK_i in Fahrtrichtung bestimmt, z.B. die Fahrstraße A→C im Beispiel in Abbildung 5-14.

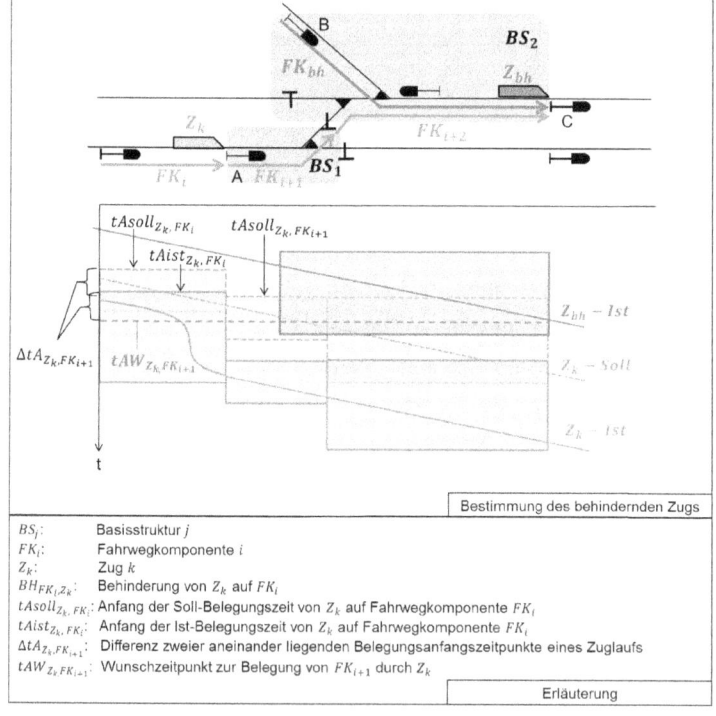

Abbildung 5-14: Bestimmung des behindernden Zugs Z_{bh} für einen behinderten Zug Z_k

b) Für alle Fahrwegkomponenten, die zu der nächsten zu belegenden Fahrstraße zählen, werden die zugehörigen Basisstrukturen bestimmt (BS_1 und BS_2 in Abbildung 5-14).

c) Eine Basisstruktur ist belegt, wenn eine beliebige Fahrwegkomponente belegt ist, die zu dieser Basisstruktur gehört. Aus diesem Grund wird der behindernde Zug auf allen Fahrwegkomponenten gesucht, die zu den aus b) bestimmten Basisstrukturen gehören (z.B. zugehörige Fahrwegkomponente FK_{k+1} von BS_1 sowie FK_{bh} und FK_{k+2} von BS_2).

d) Um zu bestimmen, welcher Zug den Zug Z_k direkt behindert, wird der Zug gesucht, der zum Zeitpunkt, wenn Z_k die Belegung der nächsten Fahrstraße anfordern möchte, die Basisstrukturen aus b) (hier im Beispiel in Abbildung 5-14 BS_1 und BS_2) belegt. Weil die Sperrzeitentreppe eines Zugs bei Konfliktfällen verschoben werden kann, wird der Wunschbelegungszeitpunkt von Z_k zur nächsten Fahrwegkomponente wie nachfolgend dargestellt qualifiziert geschätzt[7], indem die zeitliche Differenz von zwei direkt aneinander liegenden Belegungsanfangszeitpunkten einer Zugfahrt im Soll-Fahrplan ($\Delta tA_{Z_k, FK_{i+1}}$ im Beispiel in Abbildung 5-14) verglichen wird.

Im Soll-Fahrplan ist die zeitliche Differenz $\Delta tA_{Z_k, FK_{i+1}}$ des Belegungsanfangs von zwei nacheinander zu belegenden Fahrwegkomponenten (FK_i, FK_{i+1}) durch einen Zug Z_k wie folgt gegeben:

$$\Delta tA_{Z_k, FK_{i+1}} = tAsoll_{Z_k, FK_{i+1}} - tAsoll_{Z_k, FK_i} \qquad (5\text{-}12)$$

Dabei sind:

$tAsoll_{Z_k, FK_{i+1}}$: Anfang der Soll-Belegungszeit von Z_k [hh:mm:ss] auf Fahrwegkomponente FK_{i+1}

---

[7] Weil die exakten Belegungszeitpunkte bei der Betriebsabwicklung von den verwendeten Simulationswerkzeugen abhängig sind, gibt das Verfahren zur Bestimmung des Wunsch-Belegungszeitpunkts hinreichend genaue Schätzwerte aus, die von den berechneten Werten der Simulationswerkzeuge leicht abweichen können. Die im Rahmen dieses Forschungsprojekts durchgeführten Experimente zeigen allerdings, dass die Abweichungen nur wenig Einfluss auf die Ergebnisse haben und somit ignoriert werden können.

$tAsoll_{Z_k, FK_i}$: Anfang der Soll-Belegungszeit von Z_k [hh:mm:ss]
auf Fahrwegkomponente FK_i

Der Wunsch-Zeitpunkt zur Belegung von FK_{i+1} durch Z_k ergibt sich aus:

$$tAW_{Z_k, FK_{i+1}} = tAist_{Z_k, FK_i} + \Delta tA_{Z_k, FK_{i+1}} \qquad (5\text{-}13)$$

Dabei ist:

$tAist_{Z_k, FK_i}$: Anfang der Ist-Belegungszeit von Z_k [hh:mm:ss]
auf Fahrwegkomponente FK_i

Nachdem der Wunsch-Belegungszeitpunkt bestimmt wurde, wird geprüft, welcher Zug zu diesem Zeitpunkt die zugehörige Basisstruktur (BS_1 oder BS_2 in Abbildung 5-14) belegt. Im Beispiel in Abbildung 5-14 ist Z_{bh} auf der Fahrwegkomponente FK_{bh} der gefundene Zug, der Z_k unmittelbar behindert.

Schritt 3: <u>Unterscheidung zwischen direkten und indirekten Behinderungen</u>

Um die Ursachen zu finden, die eine Behinderung auslösen, wird die Behinderungsübertragung entlang von Fahrwegen untersucht. Wird ein Zug durch einen anderen Zug behindert, ist zuerst zu unterscheiden, ob es sich um eine direkte oder eine fortgepflanzte Behinderung (indirekte Behinderung) handelt (siehe Abschnitt 5.3.1). Wird der behindernde Zug Z_{bh} gefunden, ist zu prüfen, ob Z_k nur durch Z_{bh} direkt behindert wird oder ob weitere Fortpflanzungen von Behinderungen durch andere Züge gefunden werden können. Danach wird geprüft, ob Z_{bh} auf der behindernden Fahrwegkomponente FK_{bh} selbst eine Behinderung erhält.

- Erhält Z_{bh} selbst keine Behinderung auf FK_{bh}, d.h. Z_{bh} wird <u>nicht</u> durch andere Züge behindert, handelt es sich bei der Behinderung BH_k um eine direkte Behinderung. Das Verfahren kann mit <u>Schritt 4a</u> fortgesetzt werden.

- Wenn Z_{bh} selbst auch eine Behinderung auf FK_{bh} erhält, wird Z_{bh} noch von anderen Zügen behindert. BH_k kann dann sowohl eine direkte Behinderung durch Z_{bh} als auch eine indirekte Behinderung durch die fortgepflanzten Behinderungen von anderen Zügen sein. Das Verfahren kann mit <u>Schritt 4b</u> fortgesetzt werden.

Schritt 4a: Behandlung der direkten Behinderung

Bei einer direkten Behinderung verursacht die Belegung von FK_{bh} die auftretende Behinderung von Z_k, dadurch wird die Behinderung BH_k zu der belegungselementverursachten Behinderung $BBH_{FK_{bh}}$ von FK_{bh} hinzugefügt und der Suchvorgang beendet. Wenn Z_{bh} im Beispiel in Abbildung 5-14 keine Behinderung auf FK_{bh} besitzt, ist die BH_k von Z_k eine direkte Behinderung durch Z_{bh} auf FK_{bh}. BH_k wird der belegungselementverursachenden Behinderung $BBH_{FK_{bh}}$ der verursachenden Fahrwegkomponente FK_{bh} zugeordnet.

Schritt 4b: Aufteilung der Anteile aus direkten und indirekten Behinderungen

Wenn der behindernde Zug Z_{bh} auch durch einen anderen Zug behindert wird, ist es möglich, dass die Behinderung von Z_k teilweise durch Z_{bh} direkt und teilweise durch andere Züge indirekt verursacht wird. Aus diesem Grund wird die Behinderung BH_k in zwei Teile aufgeteilt:

- Direkte Behinderung BH_{direkt} durch Z_{bh} und
- Indirekte Behinderung $BH_{indirekt}$ durch andere Züge

Die direkte Behinderung entspricht dem bestehenden Konflikt zwischen zwei Zügen, der ohne Einfluss anderer Züge auch auftreten würde. BH_{direkt} wird durch den Vergleich der bestehenden Konflikte (Überlappung von Sperrzeiten) von den beiden Zugfahrten Z_k und Z_{bh} im Soll-Fahrplan folgendermaßen bestimmt:

- Wenn bei den Soll-Belegungen von Z_k auf FK_i und Z_{bh} auf FK_{bh} keine Sperrzeitüberlappung auftritt, bedeutet dies, dass beide Züge im Soll-Fahrplan keinen Konflikt auf diesen Belegungselementen haben. Eine bestehende direkte Behinderung ist nicht vorhanden, $BH_{direkt} = 0$.
- Im Fall einer Überlappung in den Soll-Belegungen von Z_k auf FK_i und Z_{bh} auf FK_{bh} muss die Zeitspanne der Überlappung noch mit den vorherigen Sperrzeitüberlappungen zeitlich verglichen werden, und es ist zu bestimmen, welcher Zug zeitlich früher das Belegungselement beanspruchen soll. Für beide Züge werden jeweils die befahrenen Fahrwegkomponenten

$$M_{Z_k,\ FKbefahren} = \{FK_1, \cdots, FK_i\} + M_{Z_k, FKnach} \text{ und}$$

$$M_{Z_{bh},\ FKbefahren} = \{FK_{bh1}, \cdots, FK_{bhi}\}$$

sowie die Informationen über deren Belegungen im Soll-Fahrplan zusammengefasst.

Dabei sind:

FK_1: Die erste befahrene Fahrwegkomponente von Z_k

FK_{bh1}: Die erste befahrene Fahrwegkomponente von Z_{bh}

$M_{Z_k,\, FKnach}$: Menge der Fahrwegkomponenten der nachfolgenden Fahrstraße

$$M_{Z_k, FKnach} = \{FK_{i+1}, \cdots, FK_{i+f}\}$$

Aus $M_{Z_k,\, FKbefahren}$ und $M_{Z_{bh},\, FKbefahren}$ wird eine Menge M_{kf} von Fahrwegkomponentenpaaren (FK_p, FK_q) bestimmt, deren Sperrzeiten sich überlappen. Das bedeutet, dass FK_p und FK_q mindestens eine gleiche Basisstruktur beinhalten.

$$M_{kf} = \{\cdots, (FK_p, FK_q), \cdots, (FK_{i+f}, FK_{bh})\} \tag{5-14}$$

Dabei gilt:

$$FK_p \in M_{Z_k, FKbefahren}, FK_q \in M_{Z_{bh}, FKbefahren} \text{ und}$$

$$BS_{FK_p} \cap BS_{FK_q} \neq \emptyset$$

Dabei sind:

BS_{FK_p}: Die der Fahrwegkomponente FK_p zugehörigen Basisstrukturen

BS_{FK_q}: Die der Fahrwegkomponente FK_q zugehörigen Basisstrukturen

Der Konflikt $K_{p,q}$ zweier Züge auf den sich überlappenden Fahrwegkomponenten (FK_p, FK_q) entspricht der Sperrzeitüberlappung (Abbildung 5-15) und ergibt sich aus der Zeitspanne zwischen dem Ende der Belegungszeit des voranfahrenden Zugs und dem Anfang der Belegungszeit des nachfolgenden Zugs. Im Beispiel in Abbildung 5-15 fährt Z_{bh} laut Fahrplan vor Z_k, und es entsteht ein Konflikt auf den Fahrwegkomponenten FK_p und FK_q (hier ist $FK_p = FK_q$).

Der Konflikt wird beschrieben durch:

$$K_{FK_p, FK_q} = tEsoll_{Z_{bh}, FK_p} - tAsoll_{Z_k, FK_q} \tag{5-15}$$

Dabei sind:

$tEsoll_{Z_{bh}, FK_p}$: Endzeitpunkt der Soll-Sperrzeit von Z_{bh} auf Fahrwegkomponente FK_p

$tAsoll_{Z_k, FK_q}$: Anfangszeitpunkt der Soll-Sperrzeit von Z_k auf Fahrwegkomponente FK_q

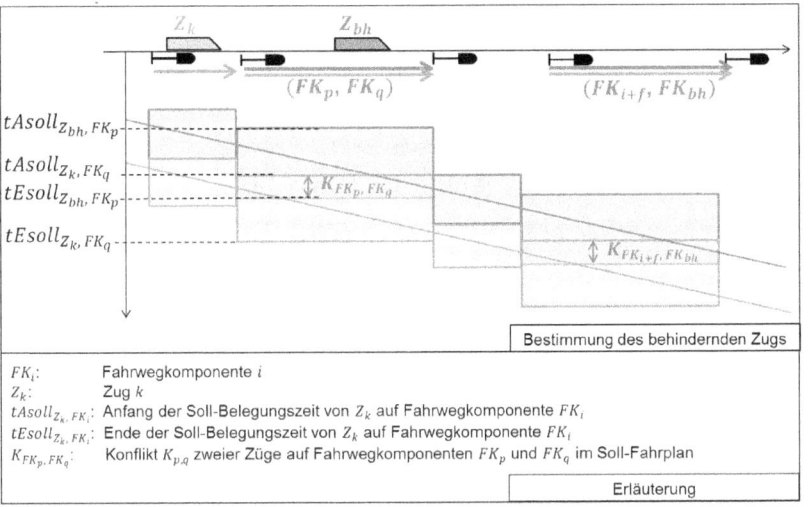

Abbildung 5-15: Konflikte zweier Zugfahrten mit Soll-Sperrzeitentreppen

Wenn die beiden Züge bis zu der zu untersuchenden Behinderung eine Reihe von Konflikten $M_{konf} = \{\cdots, K_{FK_p, FK_q}, \cdots K_{FK_{i+f}, FK_{bh}}\}$ im Fahrplan haben, wird verglichen, ob $K_{FK_{i+f}, FK_{bh}}$ das zugehörige Maximum ist.

Ist $K_{FK_{i+f}, FK_{bh}}$ kein Maximum, folgt

$$BH_{direkt} = 0. \tag{5-16}$$

Ist $K_{FK_{i+f}, FK_{bh}}$ ein Maximum, ergibt sich BH_{direkt} aus der Differenz des Maximums (hier $K_{FK_{i+f}, FK_{bh}}$) und des nächsthöchsten Werts in M_{konf}:

$$BH_{direkt} = K_{FK_{i+f}, FK_{bh}} - Max(M_{konfUnter}) \tag{5-17}$$

Dabei ist:

$M_{konfUnter}$: Untermenge von M_{konf}, die lediglich das Maximum von M_{konf} nicht enthält, hier ist $M_{konf} - M_{konfUnter} = \{K_{FK_{i+f}, FK_{bh}}\}$

Dadurch ist

$$BH_{indirekt} = BH_{FK_i, Z_k} - BH_{direkt} \qquad (5\text{-}18)$$

Auf diese Weise wird eine Behinderung auf zwei Anteile, direkte und indirekte Behinderungen aufgeteilt. Die direkte Behinderung BH_{direkt} wird zur **belegungselementverursachten Behinderung (BBH)** der behindernden Fahrwegkomponente FK_{bh} gezählt. Die indirekte Behinderung wird dagegen beim nachfolgenden Suchvorgang solange nicht berücksichtigt, bis der verursachende behindernde Zug gefunden ist.

Schritt 5: **Suchvorgang entlang des Fahrtverlaufs**

Um den Zug zu finden, der die indirekte Behinderung verursacht, wird der Zug gesucht, der Z_{bh} behindert. Der Suchvorgang wird nach Schritt 3 beendet, wenn ein Zug Z_{Nz} gefunden ist, der nicht selbst von anderen Zügen behindert wird. Die Summe der entlang des Fahrtverlaufs auftretenden indirekten Behinderungen und die direkte Behinderung von Z_{Nz-1}, der direkt von Z_{Nz} behindert wird, werden zusammen zur belegungselementverursachten Behinderung der Fahrwegkomponente $FK_{N_{FK}}$ hinzugefügt.

Schritt 6: **Iterative Bestimmung der belegungselementverursachten Behinderungen für alle Fahrwegkomponenten und Basisstrukturen**

Für alle Züge werden die Schritte 1 bis 5 durchlaufen, um so die belegungselementverursachten Behinderungen aller Fahrwegkomponenten zu ermitteln. Die belegungselementverursachte Behinderung einer Basisstruktur ergibt sich aus der Summe aller belegungselementverursachten Behinderungen der Fahrwegkomponenten dieser Basisstruktur.

5.3.4 Ablauf der Lokalisierung von Ursachen

Für einen Engpass werden Ursachen anhand folgender Schritte lokalisiert:

- Jede auftretende Behinderung vor der Belegung des Engpasses wird untersucht.
- Nach dem Suchalgorithmus in Abschnitt 5.3.3 wird der unmittelbar behindernde Zug gesucht.

- Wenn der unmittelbar behindernde Zug die Behinderung verursacht, wird die Behinderung durch eine belegungselementverursachte Behinderung der behindernden Fahrwegkomponente hinzugefügt.
- Wenn der unmittelbar behindernde Zug auch durch andere Züge behindert wird und dadurch die Behinderung überträgt, wird die Behinderung in direkte und indirekte Behinderung aufgeteilt.
- Die direkte Behinderung wird in BBH der behindernden Fahrwegkomponente zusammengerechnet. Die indirekte Behinderung wird nach dem Suchvorgang zu BBH der zuletzt gefundenen Fahrwegkomponente, die die eigentliche Behinderung verursacht, zusammengerechnet.
- Der Suchvorgang wird für alle vor dem Engpass auftretenden Behinderungen iterativ durchgeführt. Nach dem Suchvorgang werden die belegungselementverursachten Behinderungen der behindernden Fahrwegkomponenten berechnet und den jeweiligen Basisstrukturen zugeordnet, wodurch die eigentliche Ursache des Engpasses sichtbar wird.

Der Ablauf des Suchalgorithmus wird in den in Abbildung 5-16 und Abbildung 5-17 gezeigten Abläufen dargestellt. Mit diesem Suchalgorithmus werden die auftretenden Behinderungen ursachenorientiert neu zugeordnet, wodurch für Basisstrukturen und Fahrwegkomponenten die Kenngröße „belegungselementverursachte Behinderung" gewonnen wird, mit der die Engpassursachen lokalisiert werden können. Für die Zuordnung der exakten Ursachen werden zuerst die Basisstrukturen mit den höchsten belegungselementverursachten Behinderungen als Engpassursache lokalisiert. Darüber hinaus wird die Kenngröße „belegungselementverursachte Behinderung" für alle Fahrwegkomponenten der betroffenen Basisstrukturen geprüft, um zu erkennen, welche Fahrwegkomponenten die Behinderungen maßgeblich verursachen. Darauf basierend werden die Ursachen in der Infrastruktur und dem Betriebsprogramm ermittelt, um konkrete Maßnahmen zur Beseitigung bzw. zur Minimierung der Wirkung der Engpässe abzuleiten.

Ansätze zur ursachenbezogenen Engpassanalyse

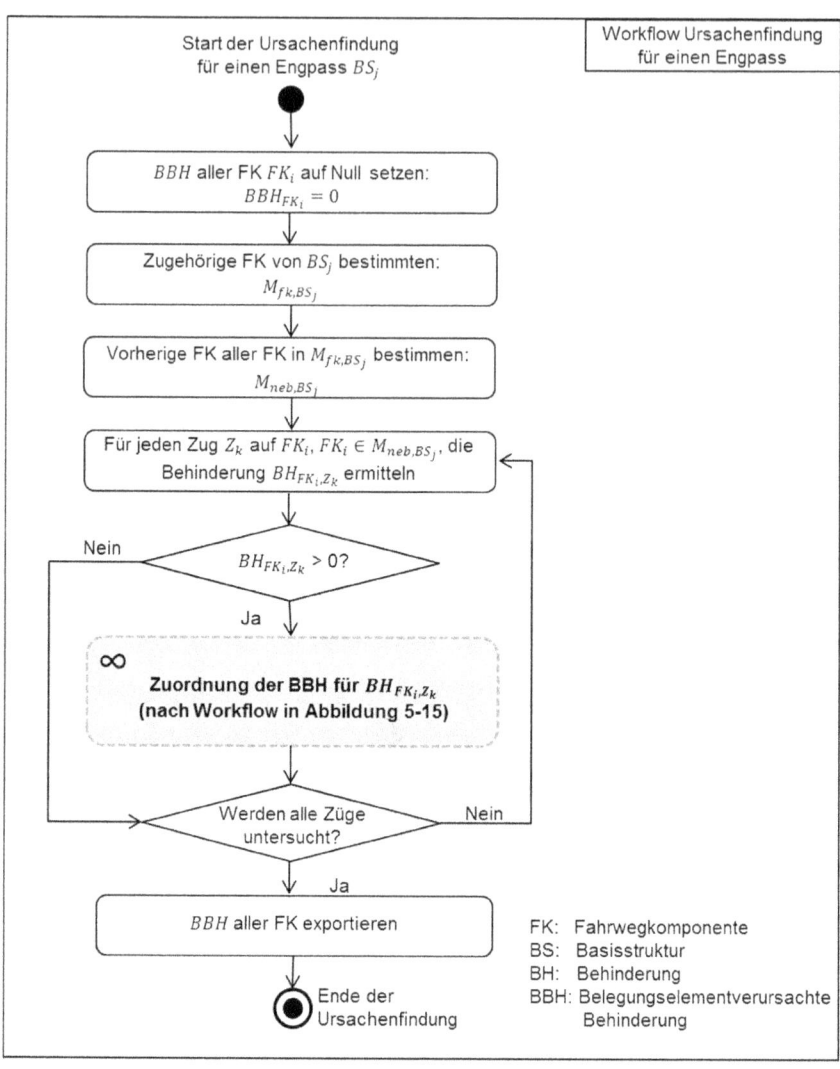

Abbildung 5-16: Ablauf des Suchalgorithmus

Ansätze zur ursachenbezogenen Engpassanalyse

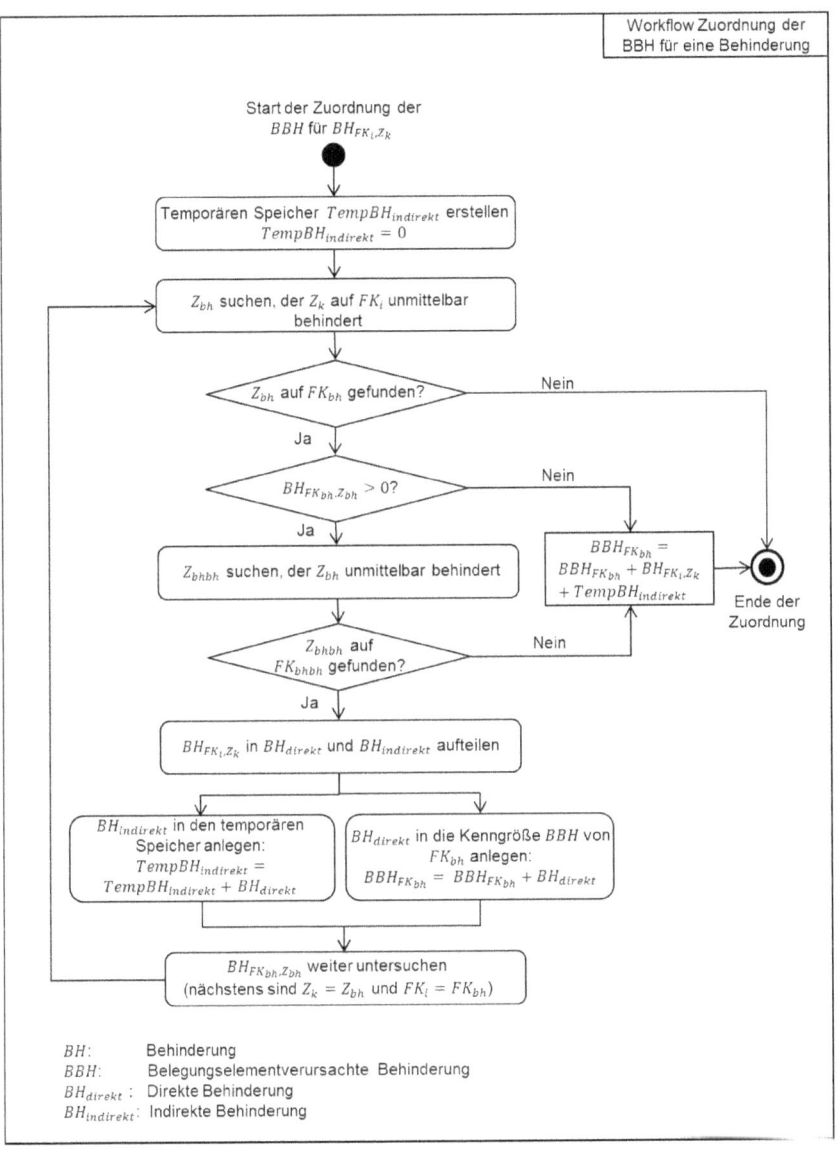

Abbildung 5-17: Ablauf der Zuordnung der belegungselementverursachten Behinderungen für eine Behinderung

Für den lokalisierten Engpass 1 im Beispiel in Abschnitt 5.2.6 (Abbildung 5-5) werden die Ursachen mit diesem Suchalgorithmus geprüft. Die Berechnungsergebnisse zeigen, dass die beiden Fahrwegkomponenten FK_{75} und FK_{73}, die zur Basisstruktur BS_{32} gehören, hohe belegungselementverursachte Behinderungen besitzen (Abbildung 5-18). Das bedeutet, die auftretenden Behinderungen an Engpass 1 werden maßgebend durch die Belegung auf BS_{32} verursacht. Somit wurden die maßgeblichen Ursachen des Engpasses in BS_{32} zwar noch nicht bestimmt, aber hinreichend genau lokalisiert.

Auf diese Weise werden die Ursachen in der Infrastruktur und dem Betriebsprogramm geprüft sowie geeignete Maßnahmen abgeleitet (siehe Abschnitt 5.5).

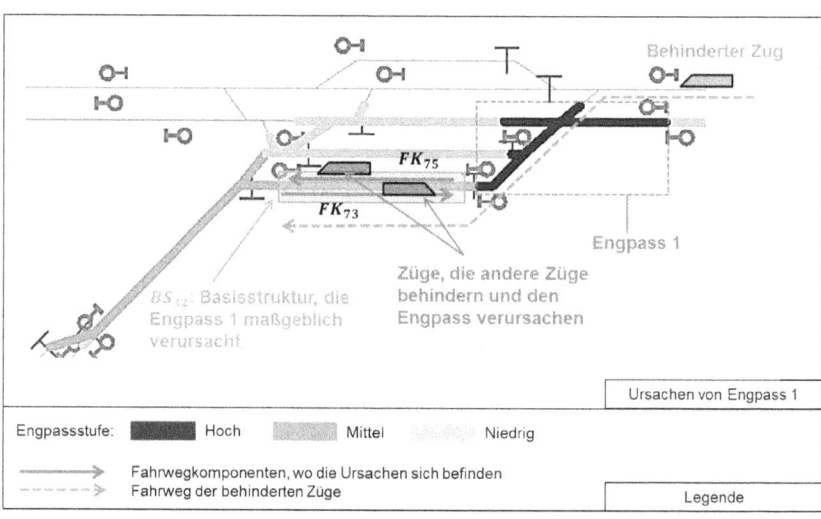

Abbildung 5-18: Lokalisierung der Ursachen eines Engpasses im Beispielknoten

5.4 Kategorisierung von Engpassursachen

Mit dem Suchalgorithmus wird festgestellt, wo sich die tatsächlichen Ursachen der identifizierten Engpässe befinden. Ausgehend von der infrastruktur- und betriebsprogrammbezogenen Lokalisierung der Engpassursachen (Abschnitt 5.3.4) werden geeignete Maßnahmen zur Beseitigung der Engpässe abgeleitet. In diesem Abschnitt werden engpassauslösende Ursachen in der Infrastrukturgestaltung und dem Betriebsprogramm diskutiert.

5.4.1 Ursachen in der Infrastrukturgestaltung

Je länger ein Belegungselement durch eine Zugfahrt belegt wird, desto höher ist die Wahrscheinlichkeit, dass andere Zugfahrten durch dieses Belegungselement behindert werden. Zur Feststellung der Ursachen in der Infrastrukturgestaltung sind folgende Einflussfaktoren zu überprüfen.

- Zulässige Geschwindigkeit: Eine niedrige örtliche zulässige Geschwindigkeit der Strecken oder Weichen beschränkt die realisierbare Geschwindigkeit der Züge, obwohl die zulässige Geschwindigkeit der Züge höher ist. Demzufolge vergrößert sich die Belegungszeit der Belegungselemente.
- Länge des Belegungselements: Die reine Fahrzeit eines Zugs auf einem Belegungselement hängt direkt mit der Länge des befahrenen Belegungselements zusammen. Die Belegungszeit eines Belegungselements steigt mit zunehmender Länge des Belegungselements.
- Teilfahrstraßenauflösung: Sind für eine Fahrstraße Teilfahrstraßenauflösungen vorgesehen, so beginnt die Belegungszeit für alle Abschnitte dieser Fahrstraße zum selben Zeitpunkt. Durch die abschnittsweise Auflösung endet die Belegungszeit jedoch für die einzelnen Abschnitte, sobald der Zug den jeweiligen Abschnitt verlassen und den zugehörigen Teil der Fahrstraße aufgelöst hat. Demzufolge entsteht die kürzeste Belegungszeit auf dem ersten (Belegungselement 2 in Abbildung 4-1) und die längste Belegungszeit auf dem letzten Abschnitt (Belegungselement 3 in Abbildung 4-1) der Fahrstraße. Außerdem können so Belegungen auf einzelne auflösbare Belegungselemente reduziert werden, und solche Belegungselemente können in kürzeren Fahrtfolgen durch verschiedene Züge belegt werden.

Folgende Faktoren erhöhen bei ungünstiger Infrastrukturgestaltung die Behinderungsanfälligkeit:

- Unterschiedliche Längen oder zulässige Geschwindigkeiten benachbarter Blockabschnitte: Ein Zug auf einem kürzeren Blockabschnitt (oder Blockabschnitt mit hoher zulässiger Geschwindigkeit) kann durch einen vorausfahrenden Zug auf einem längeren Blockabschnitt (oder Blockabschnitt mit niedrigerer zulässigen Geschwindigkeit) behindert werden, wenn sich die Sperrzeitentreppen beider Züge aufgrund der Zugfolge soweit annähern, dass Überschneidungen der Sperrzeitentreppen entstehen.

- Lange Blockabschnitte nach dem Einfädeln: Folgt ein langer Blockabschnitt einem Einfädelabschnitt, werden Züge beim Einfädeln (z.b. Ausfahrten von Bahnhöfen) behindert.
- Ein- und Ausfahrblocklänge und Weichengeschwindigkeit: Lange Blockabschnitte und niedrige zulässige Weichengeschwindigkeiten können oftmals Behinderungen vor Ein- und Ausfahrten verursachen.
- Teilfahrstraßenauflösung: Bei fehlender Teilfahrstraßenauflösung wird eine Kreuzung/Ausfädelung durch einen Zug länger belegt, wodurch andere Züge behindert werden können.
- Anzahl der Gleise: Eine nicht ausreichende Gleisanzahl kann zu Behinderungen bei der Einfahrt in Bahnhöfe oder Knoten führen.
- Anzahl der Streckengleise: Eine nicht ausreichende Anzahl der Streckengleise beschränkt die Anzahl der nutzbaren Fahrwege von einer Startstation zu einer Endstation. Kann die Belastung nicht auf mehrere Streckengleisen verteilt werden, können hier Engpässe entstehen.

5.4.2 Ursachen im Betriebsprogramm

Unterschiedliche Betriebsprogramme können zu unterschiedlichen Belegungsgraden auf demselben Belegungselement führen. Die Zeitspanne der Belegungszeit auf einem Belegungselement kann durch folgende betriebsbezogene Einflussfaktoren hervorgerufen werden:

- Zugeigenschaften: Technische höchste Geschwindigkeit, Zuglänge, Masse usw. können die Belegungszeit beeinflussen.
- Planmäßiger Halt auf einem Belegungselement: Die planmäßige Haltezeit auf einem Belegungselement ist ein Bestandteil der Belegungszeit. Ein unnötig langer Haltezeitzuschlag kann zusätzliche Behinderungen anderer Züge verursachen. Ein planmäßiger Halt auf einem Belegungselement verursacht auch eine längere Belegungszeit des nachfolgenden Belegungselements aufgrund der längeren Fahrzeit des anfahrenden Zugs im Vergleich mit durchfahrenden.
- Anzahl der Züge: Der Belegungsgrad eines Belegungselements nimmt mit zunehmender Belastung zu.

- Zeitzuschlag: Zeitzuschläge werden bei der Fahrplankonstruktion eingesetzt, um die Pünktlichkeit trotz Abweichungen vom geplanten Betriebsablauf durch kleinere Behinderungen zu gewährleisten. Dazu gehören Fahrzeitzuschläge und Haltezeitzuschläge, die die Belegungszeiten der Belegungselemente verlängern. Die Nutzung von Zeitzuschlägen kann die Auswirkungen der Engpässe quantitativ und qualitativ reduzieren.

Neben infrastrukturbezogenen Behinderungen tauchen Behinderungen auch aufgrund von Konflikten bei der Fahrplankonstruktion auf, die ohne große Veränderungen in der Infrastruktur durch Anpassung des Betriebsprogramms verringert werden können:

- Struktur des Zugmixes: Aufgrund unterschiedlicher Belegungszeiten und unterschiedlicher Zuggattungen erhöht ein inhomogenes Betriebsprogramm die Mindestzugfolgezeit, sodass die Leistungsfähigkeit des Untersuchungsraums sinkt und demzufolge Behinderungen zwischen Zügen schon bei niedrigen Belastungen auftreten.
- Zugeigenschaften: Die Fahrzeitverlängerung durch Bremsen bei Behinderungen und Beschleunigen bzw. Anfahren nach der Behebung von Behinderungen sind von der Zugeigenschaft (schwere Güterzüge brauchen i.d.R. mehr Zeit zum Bremsen und Beschleunigen als Reisezüge) abhängig und behinderungsrelevant.
- Anzahl von Zugfahrten auf sich ausschließenden Fahrstraßen: Folgefahrten auf demselben Fahrweg, Gegenfahrten auf eingleisiger Strecke und kreuzende Fahrten können Behinderungen auslösen und dadurch Ursachen von Engpässen sein.
- Möglichkeit zur Nutzung alternativer Fahrwege: Bei hoch belasteten Engpassstellen wird geprüft, ob alternative Fahrwege vorhanden bzw. nutzbar sind, um die Engpässe so zu entschärfen.

5.5 Vorschläge für Maßnahmen zur Beseitigung der Engpässe bzw. zur Minimierung von deren Wirkung

Der anwenderorientierten Kombination von makro- bzw. mesoskopischen und oftmals erwünschten zielgerichteten mikroskopischen Betrachtungen innerhalb einer Untersuchung waren früher insbesondere aufgrund der hohen Komplexität innerhalb der Knoten deutliche Grenzen gesetzt. Durch die Verbindung der vorhandenen makro- bzw. mesoskopischen Bewertungsverfahren mit dem Verfahren zur mikroskopischen ursachenbezogenen Engpassanalyse in der vorliegenden Arbeit werden diese Grenzen überwunden. Dadurch wird ein anwendungsgerechter durchgängiger Arbeitsablauf bei Leistungsuntersuchungen mit Hilfe der Simulationsmethode ermöglicht, der sowohl mit synchronen als auch mit asynchronen Simulationswerkzeugen eine integrative Vorgehensweise von der makro- bis zur mikroskopischen Betrachtung zulässt.

Nachdem die Ursachen der Engpässe lokalisiert wurden, können situationsbedingte Optionen (Vorschläge) für betriebliche sowie infrastrukturelle Maßnahmen zur Beseitigung der Engpässe bzw. zur Minimierung von deren Wirkung überprüft werden. Dazu sind mögliche Ursachen ausgehend von der Lage des Engpasses zunächst dem Betriebsprogramm oder der Infrastruktur zuzuordnen (Tabelle 3).

Ansätze zur ursachenbezogenen Engpassanalyse

Lage	Ursachen im Betriebsprogramm und in der Infrastruktur	Vorschläge für geeignete Maßnahmen
Blockabschnitt auf freier Strecke	Lange planmäßige Haltezeit auf dem Blockabschnitt	Reduzierung der planmäßigen Haltezeit, falls es möglich ist
	Sehr hohe Belastung	Ausweichen der Zugfahrten auf alternative Fahrwege, wenn möglich
	Blockabschnitt deutlich länger als benachbarte Blockabschnitte	Verkürzung des Blockabstands durch Einfügen von Zwischensignalen
	Örtliche zulässige Geschwindigkeit der Strecken	Prüfung der Möglichkeiten zur Erhöhung der Geschwindigkeit
Eingleisige Strecke	Langer Blockabstand	Verkürzung des Blockabstands durch Einfügen von Zwischensignalen
	Ungünstiges Betriebsprogramm	Anpassung des Betriebsprogramms, Änderung der Zugfolge oder Bündelung
Einfädelung	Hohe Belastung (Zugzahl) auf den einfädelnden Fahrwegen	Reduzierung der Belastung durch Ausweichen der Zugfahrten auf alternative Fahrwege
	Lange planmäßige Haltezeit auf dem nachfolgenden Blockabschnitt, sodass der Zug nicht einfahren kann	Reduzierung der planmäßigen Haltezeit auf dem nachfolgenden Blockabschnitt
	Lange Belegungszeit aufgrund der Länge der einfädelnden Fahrstraßen	Verkürzung der Länge der Fahrstraßen durch Verschieben der Signale
	Niedrige zulässige Geschwindigkeit der Weichen	Prüfung des Ausbaupotenzials
	Die aus dem Engpass führenden Fahrstraßen sind deutlich länger	Verkürzung des Blockabstands durch Einfügen von Zwischensignalen
Kreuzung / Ausfädelung	Hohe Belastung (Zugzahl) auf den kreuzenden Fahrstraßen	Reduzierung der Belastung durch Ausweichen der Zugfahrten auf alternative Fahrwege wenn möglich
	Lange Belegungszeit aufgrund der Länge der kreuzenden Fahrstraßen	Verkürzung der Länge der Fahrstraßen durch Verschieben der Signale oder Einbau von zusätzlichen Teilfahrstraßenauflösungen
	Niedrige zulässige Geschwindigkeit im Weichenbereich	Prüfung des Ausbaupotenzials
		Reduzierung der Belastung durch Ausweichen der Zugfahrten auf alternative Fahrwege wenn möglich
	Fehlende Teilfahrstraßenauflösung	Einbau von zusätzlichen Auflösekontakten

Tabelle 3: Ursachen und Maßnahmen zur Beseitigung von Engpässen

Ansätze zur ursachenbezogenen Engpassanalyse

Für Engpass 1 im Beispiel in Abbildung 5-18 wurden die Ursachen auf BS_{32} lokalisiert (vgl. Abbildung 5-18 in Abschnitt 5.3.4). Nach Tabelle 3 werden die Ursachen in Infrastruktur und Betriebsprogramm geprüft. BS_{32} ist ein Gleis mit Zweirichtungsbetrieb. Da die beiden Fahrwegkomponenten FK_{73} und FK_{75} hohe belegungselementverursachte Behinderungen besitzen, sollen Zugfahrten in der zugehörigen Basisstruktur BS_{32} aus beiden Richtungen geprüft werden. Es wird geprüft, welche Züge auf FK_{75} und FK_{73} die Basisstruktur belegen und dadurch verhindern, dass andere Züge nicht in den Bahnhof einfahren können. Durch Prüfung des Betriebsprogramms werden die Ursachen ermittelt. In diesem Fall halten die in entgegengesetzter Richtung verkehrenden Güterzüge (rote Züge in Abbildung 5-19) auf dem Gleis der Basisstruktur BS_{32} planmäßig lange, wodurch andere Züge (blauer Zug in Abbildung 5-19) erheblich behindert werden. Da die behinderten Züge vor der Einfahrt des Bahnhofs warten müssen, treten die Behinderungen vor Engpass 1 auf. In diesem Beispiel werden somit Ursachen erkannt, die sich nicht unmittelbar am Engpass selbst befinden.

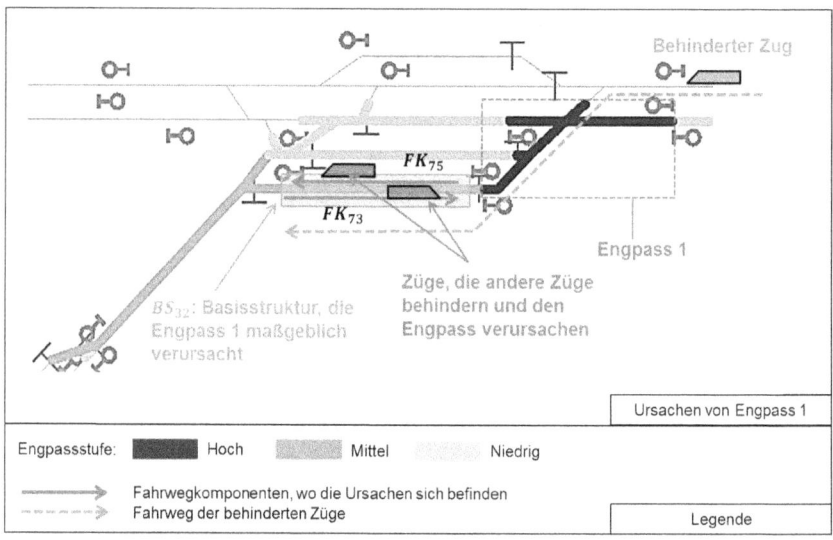

Abbildung 5-19: Ursachen von Engpass 1

6 Bewertungsverfahren für komplexe Gleisstrukturen

6.1 Überblick

Im Rahmen dieses Forschungsprojekts wurden Ansätze zur mikroskopischen Engpassanalyse entwickelt. Eine vollständige Bewertung für Eisenbahnknoten mit komplexen Gleisstrukturen erfolgt nur in Kombination mit der makroskopischen Betrachtung, weil das Gesamtleistungsverhalten und die lokalen Engpässe stets voneinander abhängig sind. Durch Zusammenfügen der makroskopischen Bewertung und der mikroskopischen Engpassanalyse wurde das allgemeingültige Bewertungsverfahren bei Leistungsuntersuchungen weiterentwickelt. In diesem Kapitel werden das erweiterte Bewertungsverfahren, dessen Ergebnisse und Anwendungen vorgestellt.

6.2 Strukturierung einer allgemeingültigen Leistungsuntersuchung

Bei der vollständigen Bewertung einer Infrastruktur mit komplexer Gleisstruktur sollen sowohl globale als auch lokale Aussagen über Kapazität und Qualität getroffen werden. Aufbauend auf den beschriebenen Ansätzen zur ursachenbezogenen Engpassanalyse wurde ein allgemeingültiges Bewertungsverfahren zur Leistungsuntersuchung komplexer Gleisstrukturen in Kombination mit den vorhandenen Verfahren in [Martin et al. 2014], [Martin et al. 2013] und [Schmidt 2009] zur makroskopischen Leistungsuntersuchung entwickelt. Dabei wurden die Trennung von Strecken und Knoten sowie die Beschränkung aufgrund der Berechnungskomplexität bei den bisherigen Bewertungsverfahren überwunden. In Abbildung 6-1 wird eine vollständige allgemeingültige Leistungsuntersuchung dargestellt ([Martin et al. 2012]). Globale Indikatoren, wie der Optimale Leistungsbereich ([Martin et al. 2013] und [Schmidt 2009]) und Verspätungskoeffizienten ([Martin et al. 2014], werden in eisenbahnwissenschaftlichen Leistungsuntersuchungen zur Bewertung einer gegebenen Infrastruktur hinsichtlich ihres Leistungsverhaltens und ihrer Betriebsqualität für den gesamten Untersuchungsraum verwendet. Die Ableitung geeigneter Maßnahmen zur Verbesserung der Leistungsfähigkeit und der Betriebsqualität erfordert jedoch auch die Untersuchung lokaler Indikatoren für das Leistungsverhalten einzelner Infrastrukturelemente und eine ursachenbezogene Engpassanalyse (vgl. Kapitel 5).

Bewertungsverfahren für komplexe Gleisstrukturen

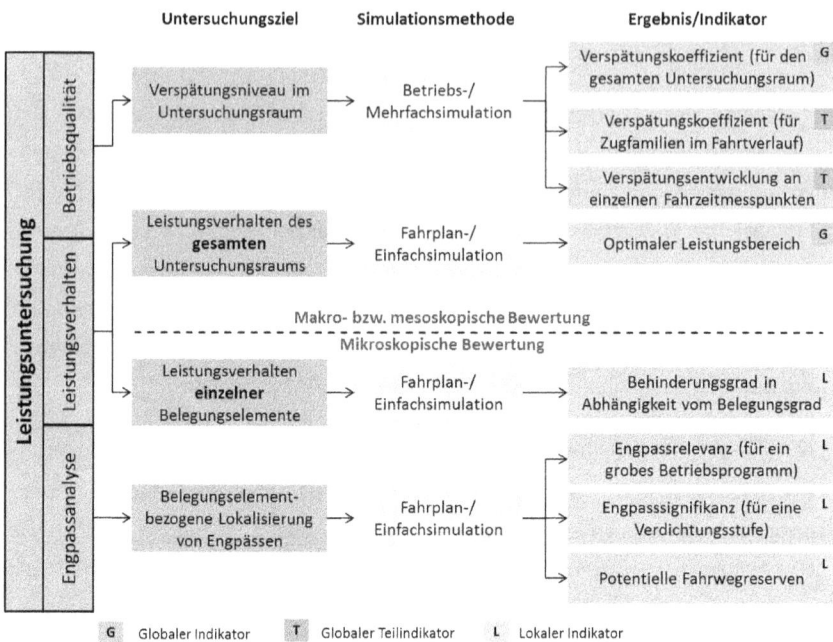

Abbildung 6-1: Engpassanalyse bei einer Leistungsuntersuchung mit Simulationswerkzeugen (Quelle: Eigene Darstellung in [Martin et al. 2012])

6.3 Ablauf des Bewertungsverfahrens für komplexe Gleisstrukturen

Der Ablauf des kompletten Bewertungsprozesses wird in Abbildung 6-2 dargestellt. Mit diesem Bewertungsverfahren wird für eine vorhandene oder geplante Infrastruktur mit zugehörigem Betriebsprogramm eine Leistungsuntersuchung je nach Aufgabenstellung in drei Teilbereichen - Betriebsqualität, Leistungsverhalten und Engpassanalyse ermöglicht.

Bewertungsverfahren für komplexe Gleisstrukturen

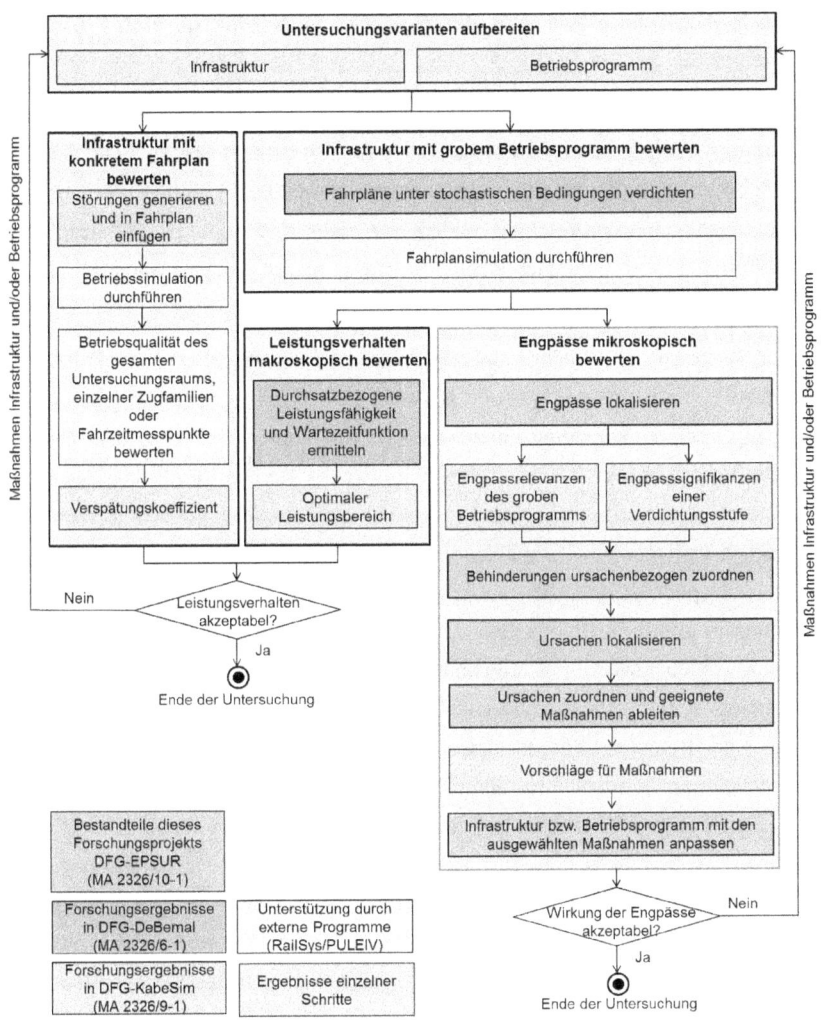

Abbildung 6-2: Ablauf eines allgemeingültigen Bewertungsverfahrens

- **Datenaufbereitung der Untersuchungsvariante**

Für die Bewertung werden die zu untersuchende Infrastruktur und das zugehörige Betriebsprogramm in einem geeigneten Simulationswerkzeug (z.B. RailSys) hinreichend genau abgebildet.

- **Makroskopische Bewertung der Betriebsqualität des gesamten Untersuchungsraums**

Mit den außerhalb dieses Projekts bereits vorliegenden Forschungsergebnissen wird das Verspätungsniveau eines konkreten Fahrplans durch Einfügen von Störungen ermittelt ([Martin et al. 2014], [Martin et al. 2011a] und [Schmidt 2009]). Der globale Indikator Verspätungskoeffizient[8] dient als Maß für die Betriebsqualität des betrachteten Untersuchungsraums, da er angibt, ob Verspätungen bei der Fahrten innerhalb des Untersuchungsraums auf- oder abgebaut werden.

Zur Bewertung der Betriebsqualität werden die stochastischen Störeinflüsse des realen Betriebs (mit der Methode aus dem DFG-Forschungsprojekt [Martin et al. 2014]) in einem konkreten Fahrplan abgebildet, indem empirische oder theoretische Verspätungsverteilungen eingefügt werden. Aus dem Verhältnis der in den Untersuchungsraum eingebrachten und der beim Verlassen des Untersuchungsraumes vorhandenen Verspätungen wird der Verspätungskoeffizient als globaler Indikator gebildet, aus dem summarisch hervorgeht, ob innerhalb des Untersuchungsraums Verspätungen ab- oder aufgebaut werden. Darüber hinaus kann der Verspätungsverlauf für Zugfamilien entlang ihres Fahrtverlaufs gesondert erfasst werden. Der Verspätungskoeffizient kann auch als weiterer globaler Teilindikator der Betriebsqualität für einzelne Fahrzeitmesspunkte innerhalb des Untersuchungsraums ermittelt werden. Der Verspätungskoeffizient entsteht als Ergebnis von Betriebssimulationen ein und desselben Fahrplans mit variierenden Störeinflüssen. In praktischen Anwendungen lässt sich für einen Untersuchungsraum bei einem vorgegebenen konkreten Fahrplan bewerten, welche Betriebsqualität das gesamte System oder eine bestimmte Zugfamilie bzw. ein Fahrzeitmesspunkt unter Berücksichtigung realer oder theoretisch unterstellter Störeinflüsse erreichen kann.

---

[8] Der Verspätungskoeffizient eines Untersuchungsraums ist definiert als Quotient aus Ausgangsverspätung (Ausbruchsverspätung + Endverspätung) und Eingangsverspätung (Einbruchsverspätung + Urverspätung).

- **Makroskopische Bewertung des Leistungsverhaltens des gesamten Untersuchungsraums**

Bei der makro- bzw. mesoskopischen Sichtweise lässt sich der globale Indikator „Optimaler Leistungsbereich" für ein grobes Betriebsprogramm aus der Wartezeitfunktion ermitteln [Martin et al. 2013]. Durch mehrere Fahrplansimulationen der mit stochastischen Bedingungen generierten Fahrpläne aus einem groben Betriebsprogramm mit variierenden Belastungen werden die entstehenden Behinderungen zwischen den einzelnen Fahrten erfasst und die daraus resultierenden Wartezeiten summarisch bestimmt.

- **Mikroskopische Engpassanalyse**

Mit den Ansätzen in Kapital 5 wird eine mikroskopische ursachenbezogene Engpassanalyse durchgeführt, wobei die Engpässe zunächst lokalisiert und danach die Ursachen gesucht werden. Darüber hinaus werden geeignete Maßnahmen zur Beseitigung der Engpässe bzw. zur Minderung von deren Wirkungen abgeleitet.

- Iterativer Untersuchungsprozess zur Überprüfung der Maßnahmen
- Zur Überprüfung der Wirksamkeit der vorgeschlagenen Maßnahmen werden die Infrastruktur bzw. das Betriebsprogramm nach jeder Maßnahme angepasst und danach eine erneute Leistungsuntersuchung durchgeführt.

6.4 Darstellung der Ergebnisse mit der Bewertungssoftware PULEIV

Das in der vorliegenden Arbeit beschriebene Bewertungsverfahren wurde als Demonstrator in der vom Institut für Eisenbahn- und Verkehrswesen entwickelten Software PULEIV (Programm zur Untersuchung des Leistungsbereichs) ([Martin et al. 2011a] und [Martin et al. 2011b]) umgesetzt[9].In diesem Abschnitt wird anhand dessen schematisch aufgezeigt, wie ein Beispielknoten (hier wird das gleiche Referenzbeispiel in Abschnitt 5.2.6, Abbildung 5-3 eingesetzt) mit diesem Bewertungsverfahren schrittweise bewertet wird.

---

[9] Die Umsetzung der theoretischen Ansätze in ein rechnerunterstütztes Werkzeug ist kein Bestandteil des Forschungsprojekts. Mithilfe der Bewertungssoftware werden die Bewertungsergebnisse beispielhaft generiert und dadurch die Gültigkeit und Plausibilität der entwickelten Ansätze gezeigt.

Schritt 1: Datenaufbereitung für die Untersuchungsvariante

In einem Simulationswerkzeug (bei diesem Referenzbeispiel RailSys [RMCon 2010]) werden die zu untersuchende Infrastruktur und das Betriebsprogramm (in Form von Modellzügen[10]) eingegeben (Abbildung 6-3). Dabei werden für jede Zugfamilie die Eigenschaften, z.B. Fahrzeugdaten, Fahrweg, Haltezeiten, Zeitzuschläge usw. definiert. Bei diesem Beispiel werden keine Zeitzuschläge eingegeben und es ist auch keine genaue Abfahrtszeit nötig.

Alternativ kann ein vorhandener Fahrplan als Eingangsfahrplan genutzt werden. In diesem Fall sollten vorhandene Zeitzuschläge nach den Rahmenbedingungen des Algorithmus (Abschnitt 5.3.3) entfernt werden.

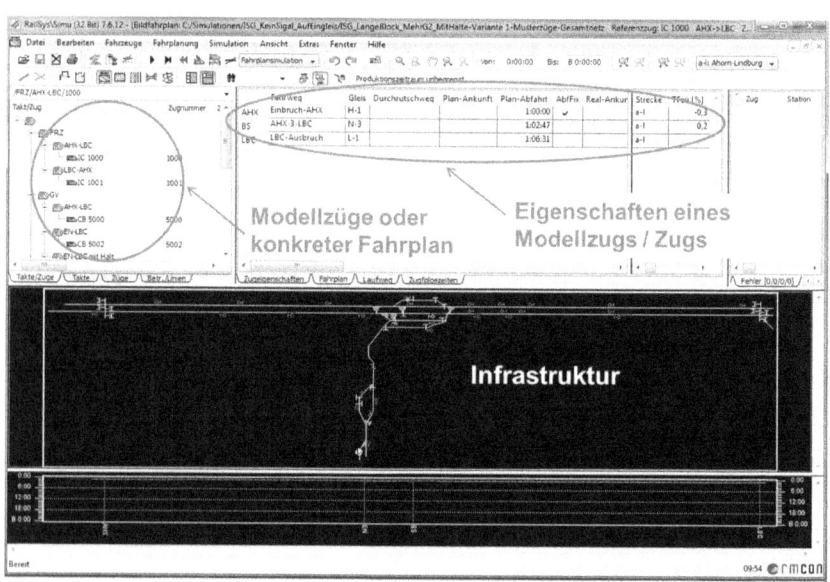

Abbildung 6-3: Datenaufbereitung der Untersuchungsvariante im Simulationswerkzeug (Quelle: Eigener Screenshot RailSys)

---

[10] Modellzüge sind Gruppen von Zügen mit gleichen oder ähnlichen Eigenschaften, die auf gleichen oder ähnlichen Fahrwegen verkehren [DB Netz AG 2008]. Diese werden auch als Zugfamilien bezeichnet. Im eingesetzten Simulationswerkzeug RailSys werden Zugfamilien als „Zuglaufgruppen" bezeichnet.

Schritt 2: Bearbeitung des Basisfahrplans für die Fahrplanverdichtungen

In PULEIV wird zunächst der in Schritt 1 bearbeitete Eingangsfahrplan importiert, der alle Modellzüge im Untersuchungsraum innerhalb des Untersuchungszeitraums enthält. Mit der Funktionalität „Basisfahrplan" (Abbildung 6-4) wird die Belastung (Anzahl der Züge pro Zeitintervall) jeder Zugfamilie nach der vorliegenden Aufgabenstellung angegeben. Daraus wird ein Basisfahrplan generiert, der die Struktur des Betriebsprogramms (Anteile aller Zugfamilien) beschreibt. Der Basisfahrplan entspricht somit der Verdichtungsstufe 100%, aus der Fahrplanverdichtungen mehrerer Stufen für weitere Untersuchungen erzeugt werden. Die auf diese Weise erzeugten Fahrpläne haben dadurch die gleiche Struktur des Betriebsprogramms.

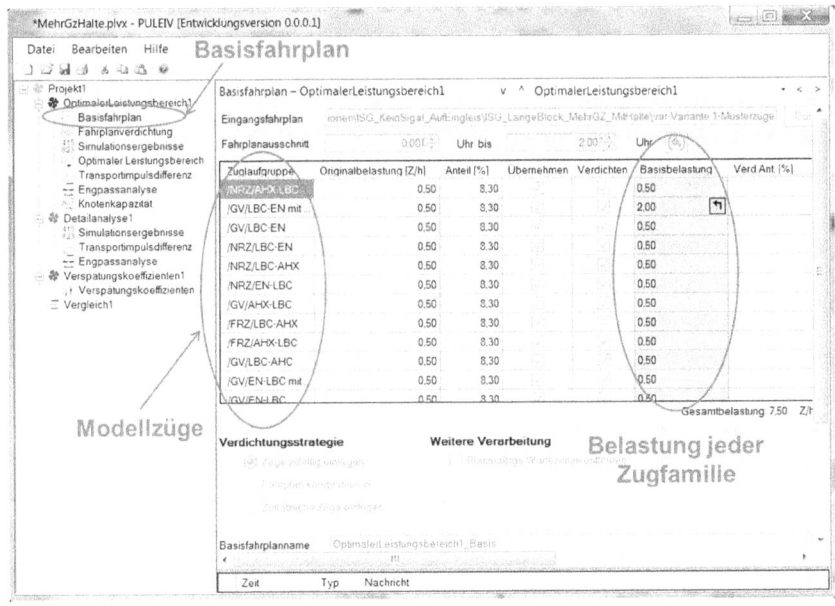

Abbildung 6-4: Bearbeitung des Basisfahrplans in PULEIV (Quelle: Eigener Screenshot PULEIV)

Schritt 3: Generierung von Fahrplänen verschiedener Belastungen

Unter Beibehaltung der Struktur des Betriebsprogramms aus dem Basisfahrplan (Schritt 2) werden Fahrpläne verschiedener Verdichtungsstufen (Belastungen) mit stochastischen Bedingungen in PULEIV automatisch generiert (Abbildung 6-5). Weil statistisch gesicherte Ergebnisse nur aus einem hinreichenden Anzahl von Stichproben zu gewinnen sind, sollen bei diesem Schritt erfahrungsgemäß mindestens fünf Fahrpläne für jede Verdichtungsstufe generiert werden (s.a. Diskussion in [Martin et al. 2013]). Zusätzlich soll die Schrittweite der Verdichtungen 10% nicht überschreiten.

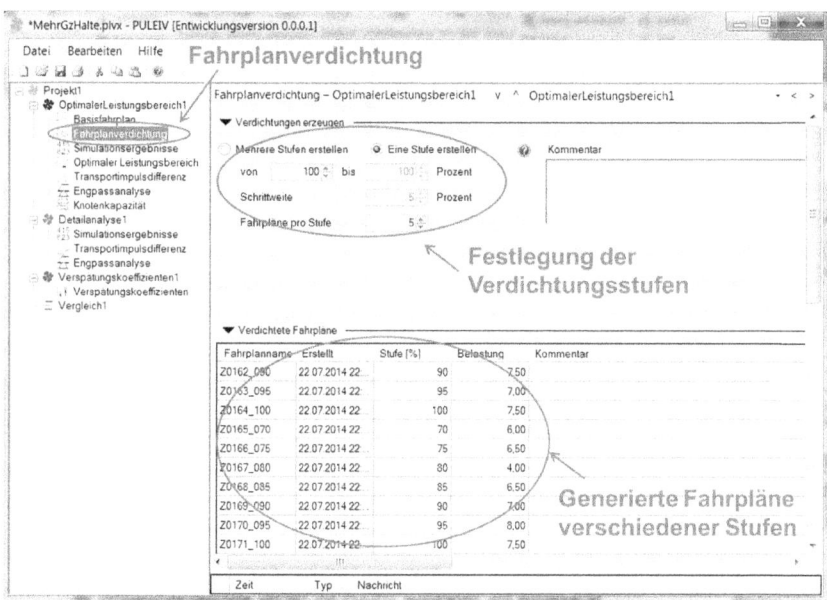

Abbildung 6-5: Generierung von Fahrplänen verschiedener Verdichtungsstufen (Belastungen) (Quelle: Eigener Screenshot PULEIV)

Schritt 4: Simulation der generierten Fahrpläne mit dem Simulationswerkzeug

Weil PULEIV lediglich eine Bewertungssoftware ohne eigenen Simulationskern ist, müssen die generierten Fahrpläne mit einem externen Simulationswerkzeug (hier: Railsys) simuliert werden. Die Protokolle der Simulationsergebnisse werden von PULEIV automatisch ausgelesen und ausgewertet.

Bewertungsverfahren für komplexe Gleisstrukturen

Schritt 5: Ermittlung des Optimalen Leistungsbereichs

Mit der Funktionalität „Optimaler Leistungsbereich" in PULEIV wird die makroskopische Bewertung des Leistungsverhaltens des gesamten Untersuchungsraums ermöglicht. Dabei werden die durchsatzbezogene Leistungsfähigkeit sowie die Wartezeitfunktion ermittelt und daraus der globale Indikator „Optimaler Leistungsbereich" bestimmt (Abbildung 6-6).

Aus den Fahrplänen innerhalb des Optimalen Leistungsbereichs werden die Grenzwerte der Kriterien für die mikroskopische Bewertung von Engpässen ermittelt (Ansätze in Abschnitt 5.2.2).

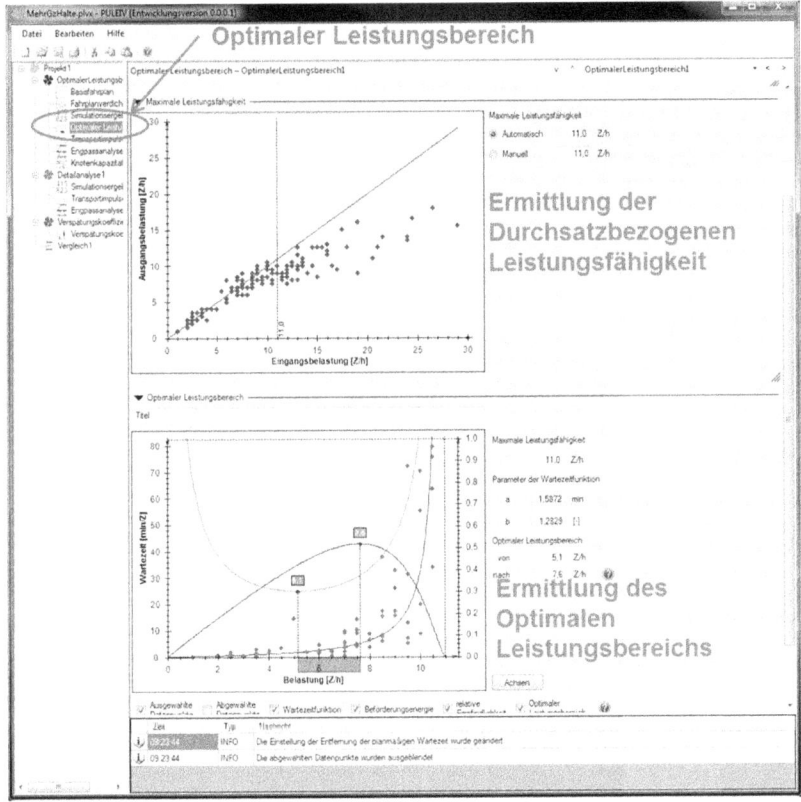

Abbildung 6-6: Ermittlung der durchsatzbezogenen Leistungsfähigkeit und des Optimalen Leistungsbereichs in PULEIV (Quelle: Eigener Screenshot PULEIV)

Schritt 6: Ermittlung der Betriebsqualität anhand der Verspätungskoeffizienten

Für einen konkreten Fahrplan kann die Kenngröße „Verspätungskoeffizient" mit der Funktionalität „Verspätungskoeffizienten" in PULEIV entweder für den gesamten Untersuchungsraum oder für ausgewählte Zugfamilien ermittelt werden (Abbildung 6-7). So wird die Betriebsqualität durch die Verspätungsentwicklung im gesamten Untersuchungsraum oder im Fahrtverlauf beschrieben.

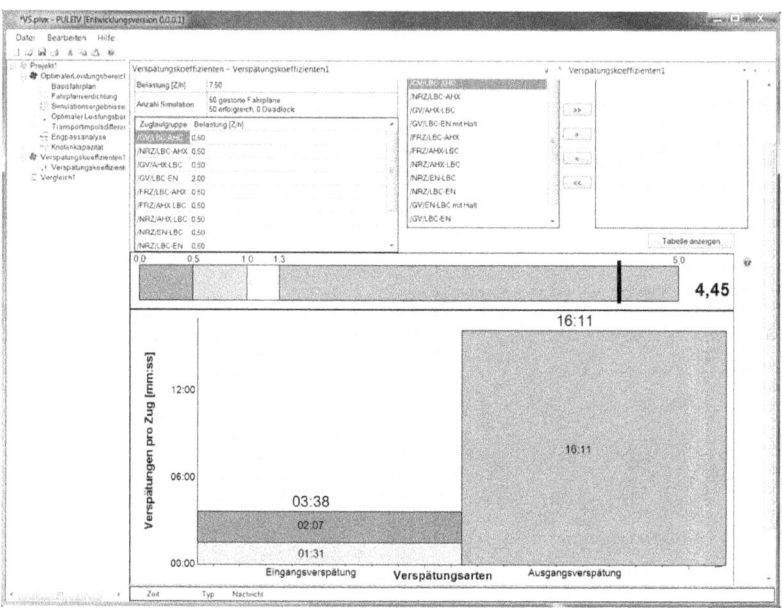

Abbildung 6-7: Ermittlung der Verspätungskoeffizienten (Quelle: Eigener Screenshot PULEIV)

Für diese Untersuchungsvariante werden Verspätungskoeffizienten für einen konkreten Fahrplan der Verdichtungsstufe 100% in PULEIV ermittelt. Dabei werden 50 gestörte Fahrpläne mit verteilten Haltezeit- und Fahrzeitverlängerungen erzeugt und simuliert (Betriebssimulation). Zur Bewertung der Betriebsqualität mittels Verspätungskoeffizienten wird ein empirischer Qualitätsmaßstab vorgegeben, der die Verspätungskoeffizienten in vier Qualitätsstufen[11] einteilt (Abbildung 6-8).

---

[11] Qualitätsstufen bei Leistungsuntersuchungen werden in [BVU 2007] und [Martin et al. 2012] ausführlich diskutiert.

Bewertungsverfahren für komplexe Gleisstrukturen

Die Ergebnisse der Verspätungskoeffizienten dieses Beispiels werden in Abbildung 6-8 dargestellt. Hierbei werden die Verspätungskoeffizienten für den gesamten Untersuchungsraum (Abbildung 6-8 (a)) und für drei verschiedene Zugfamilien, Regionalzüge (Abbildung 6-8 (b)) und Güterzüge zweier verschiedenen Richtungen (Abbildung 6-8 (c) und (d)) gegenübergestellt.

Qualitätsstufen zur Bewertung der Verspätungskoeffizienten

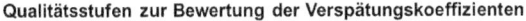

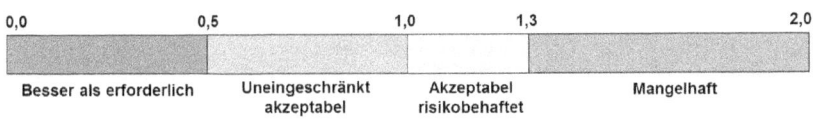

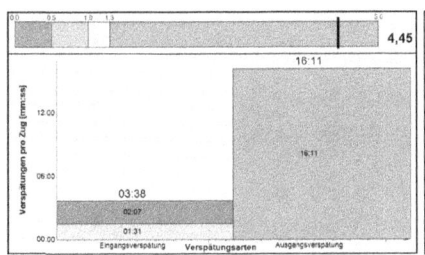
(a) Verspätungskoeffizient für den gesamten Untersuchungsraum

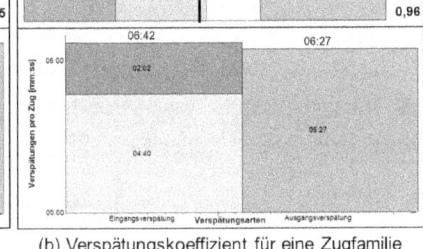
(b) Verspätungskoeffizient für eine Zugfamilie (Regionalzüge)

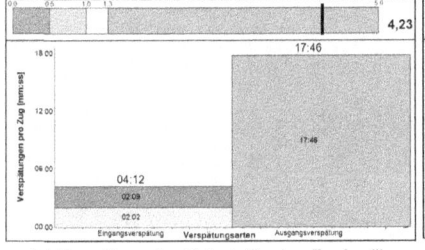
(c) Verspätungskoeffizient für eine Zugfamilie (Güterzüge Richtung Lindburg-Eichingen)

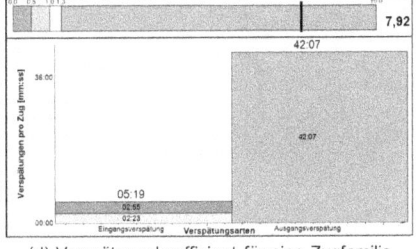
(d) Verspätungskoeffizient für eine Zugfamilie (Güterzüge Richtung Eichingen-Lindburg)

- Haltezeitverlängerung
- Fahrzeitverlängerung
- Ausgangsverspätung (Ausbruchsverspätung und Endverspätung)

Abbildung 6-8: Verspätungskoeffizienten eines Fahrplans der Verdichtungsstufe 100%

Die Ergebnisse zeigen, dass die Betriebsqualität des gesamten Untersuchungsraums mit einem Verspätungskoeffizient von 4,45 in der Qualitätsstufe „Mangelhaft" liegt, obwohl die Zugfamilie der Regionalzüge allein eine „unbeschränkt akzeptable" Betriebsqualität (Verspätungskoeffizient 0,96) besitzt. Die beiden Zugfamilien der Güterzüge haben eine mangelhafte Betriebsqualität aufgrund hoher Verspätungskoeffizienten (4,23 bei (c) und 7,92 bei (d)). Die Güterzüge Richtung Eichingen-Lindburg haben sogar einen Verspätungskoeffizienten, der erheblich höher als der Verspätungskoeffizient des gesamten Untersuchungsraums ist. Somit ist es bereits zu erkennen, dass sich die Güterzüge betriebsbehindernd verhalten. Dies wird bei der Engpassanalyse in folgendem Schritt nachgewiesen.

Schritt 7: Engpassanalyse mit PULEIV

Nachdem der Optimale Leistungsbereich ermittelt worden ist, werden die Engpassrelevanzen für das grobe Betriebsprogramm und die Engpasssignifikanzen jeder Verdichtungsstufe durch die Funktionalität „Knotenkapazität" in PULEIV anhand des Bewertungsverfahrens in Abschnitt 5.2 in drei Stufen (Hoch, Mittel und Niedrig) lokalisiert und graphisch dargestellt.

In Abbildung 6-9 (a) werden die Engpassrelevanzen des Referenzbeispiels und in Abbildung 6-9 (b) bzw. (c) die Engpasssignifikanzen zweier Verdichtungsstufen - 100% und 55% - beispielhaft dargestellt. Die Entwicklung der Engpasssignifikanzen bei erhöhten Verdichtungsstufen (Belastungen) wurde in Abschnitt 5.2.6 (Referenzbeispiel) detailliert erläutert.

Bewertungsverfahren für komplexe Gleisstrukturen

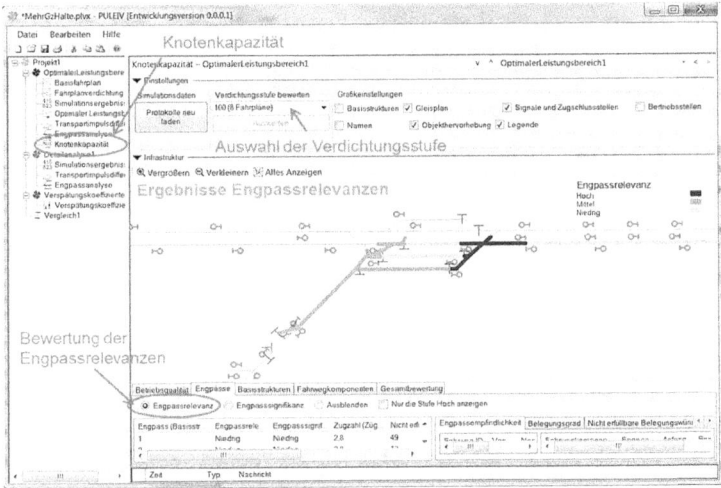

(a) Darstellung der Engpassrelevanzen

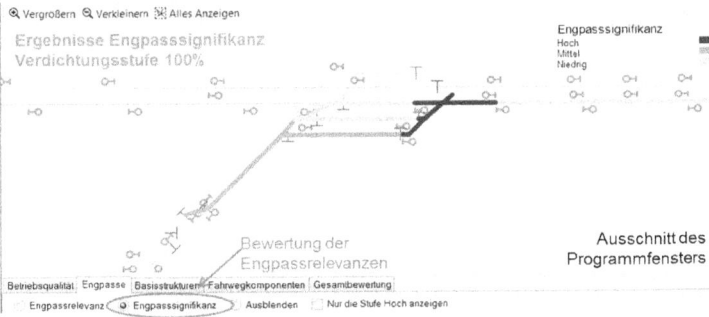

(b) Darstellung der Engpasssignifikanzen Verdichtungsstufe 100%

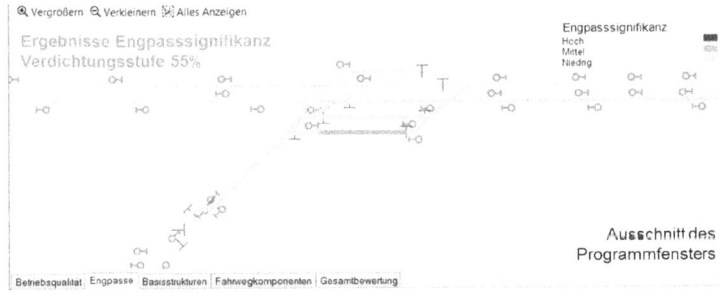

(c) Darstellung der Engpasssignifikanzen Verdichtungsstufe 55%

Abbildung 6-9: Darstellung der Engpassrelevanzen und –signifikanzen in PULEIV

Schritt 8: Bestimmung der Ursachen der Engpässe

Nach dem Ansatz zur Ursachenfindung (Abschnitt 5.3) werden die Ursachen der Engpässe für die unterschiedlichen Verdichtungsstufen gesucht[12]. Für die Verdichtungsstufe 100% des Referenzbeispiels werden Ursachen eines Engpasses (Engpass 1) in Abbildung 6-10 lokalisiert.

Für Engpass 1 wird erkennbar, dass die Engpassursachen in den rot gekennzeichneten Fahrwegkomponenten (FK_{75} und FK_{73}) bzw. deren zugehörigen Basisstruktur (BS_{32}) zu finden sind. Die Ursachen werden, wie bereits in Abschnitt 5.5 diskutiert, durch Überprüfung der Infrastruktur bzw. des Betriebsprogramms ermittelt.

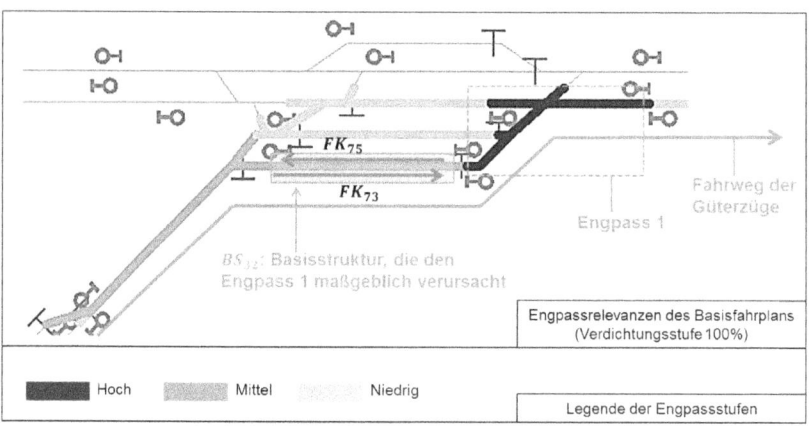

Abbildung 6-10: Lokalisierung der Ursachen von Engpass 1

Je nach Rahmenbedingungen können z.B. folgende Maßnahmen zur Beseitigung/Reduzierung der identifizierten Engpässe bzw. zur Minimierung von deren Wirkung vorgeschlagen werden:

- Maßnahme 1: Reduzierung der Zugzahl der Güterzüge auf diesem Gleis
- Maßnahme 2: Reduzierung der planmäßigen Haltezeit

---

[12] Bei der Projektbearbeitung wurde der Suchalgorithmus zur Lokalisierung der Engpässe in PULEIV implementiert. Die Ergebnisse werden in einer XML-Datei gespeichert. Eine Darstellung der Ergebnisse wurde zu diesem Zeitpunkt noch nicht in PULEIV integriert.

Mit den ausgewählten Maßnahmen wird eine modifizierte Untersuchungsvariante erstellt und erneut eine Leistungsuntersuchung durchgeführt, um zu überprüfen, ob die Leistungsfähigkeit durch die Umsetzung der Maßnahmen erhöht und die Engpässe beseitigt bzw. deren Wirkungen reduziert werden.

Schritt 9: Überprüfung der vorgeschlagenen Maßnahmen

Mit den vorgeschlagenen Maßnahmen im vorangegangenen Schritt wurden zwei Untersuchungsvarianten mit schrittweise umgesetzten Maßnahmen erstellt. Dabei wurde das originale Betriebsprogramm der Untersuchungsvariante 1 folgendermaßen angepasst:

Untersuchungsvariante 2 (Umsetzung der Maßnahme 1): Die Zugzahl der Güterzüge auf FK_{73} (blauer Fahrweg in Abbildung 6-10) wird auf 25% reduziert, die planmäßige Haltezeit (15 min) bleibt erhalten.

Untersuchungsvariante 3 (Umsetzung der Maßnahme 2): Neben der reduzierten Zugzahl wird zusätzlich die planmäßige Haltezeit entfernt (keine Halte auf FK_{73}).

Für die Untersuchungsvarianten 2 und 3 und wurde das Bewertungsverfahren durchgeführt. Die Ergebnisse der makroskopischen Bewertungen werden mit der originalen Untersuchungsvariante (ohne Maßnahmen aus der Engpassanalyse) in Abbildung 6-11 und Tabelle 4 gegenübergestellt. Dabei zeigt sich, dass die durchsatzbezogene Leistungsfähigkeit und der Optimale Leistungsbereich des Untersuchungsraums durch die umgesetzten Maßnahmen signifikant erhöht werden.

Bewertungsverfahren für komplexe Gleisstrukturen

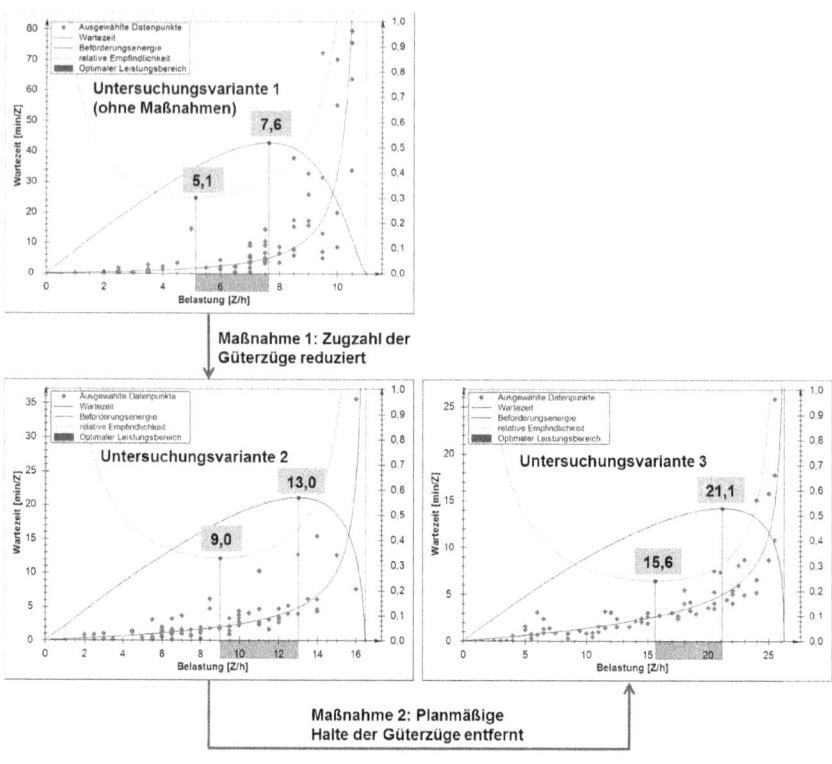

Abbildung 6-11: Vergleich der Untersuchungsvarianten - Optimaler Leistungsbereich

	Untersuchungs-variante 1 (ohne Maßnahmen)	Untersuchungs-variante 2 (Maßnahme 1)	Untersuchungs-variante 3 (Maßnahme 1+2)
Durchsatzbezogene Leistungsfähigkeit (Züge / h)	11	16,5	26,3
Optimaler Leistungsbereich (Züge / h)	5,1 – 7,6	9–13	15,6 – 21,1

Tabelle 4: Gegenüberstellung der Ergebnisse der makroskopischen Bewertung der Untersuchungsvarianten

Bewertungsverfahren für komplexe Gleisstrukturen

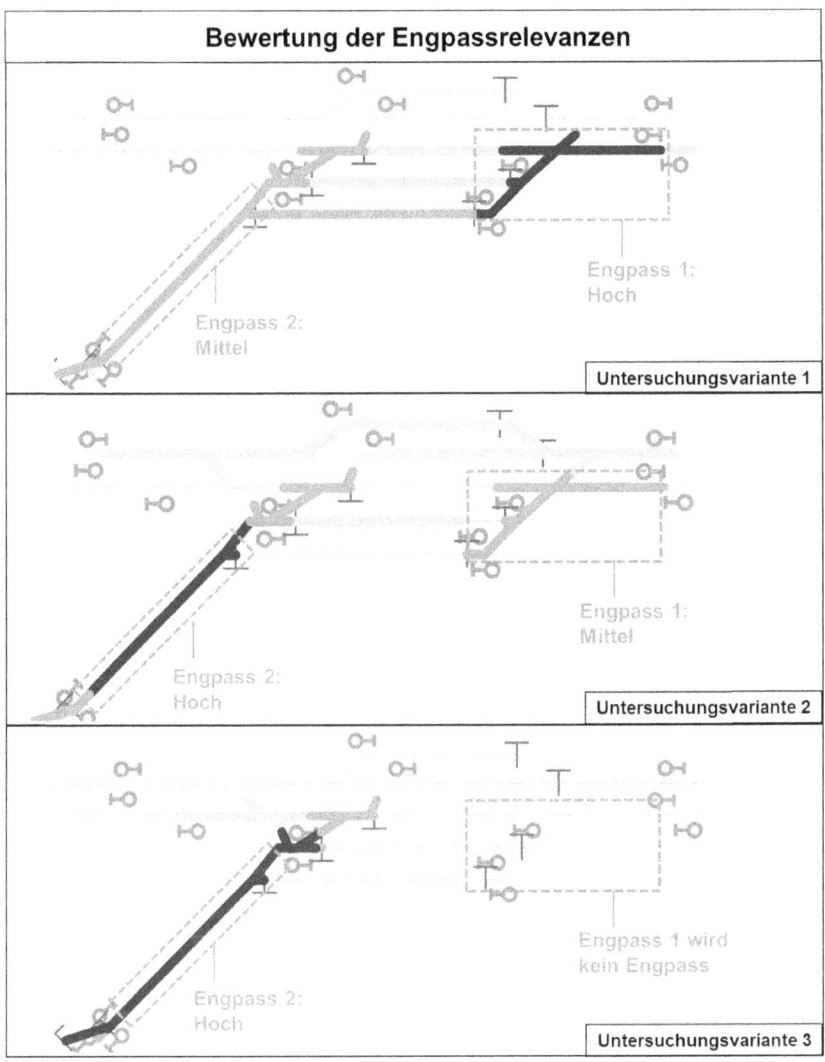

Abbildung 6-12: Vergleich der Engpassrelevanzen der drei Untersuchungsvarianten

In Abbildung 6-12 werden die Engpassrelevanzen der drei Untersuchungsvarianten dargestellt. Der Engpass mit hoher Relevanz bei der Untersuchungsvariante 1 (Engpass 1 ohne Maßnahme), besitzt bei der Untersuchungsvariante 2 (Umsetzung der Maßnahme 1) nur noch eine mittlere Relevanz. Nach Umsetzung der Maßnahme 2 bei Untersuchungsvariante 3 besitzt Engpass 1 keine Engpassrelevanz mehr. Es zeigt sich, dass die umgesetzten Maßnahmen diesen Engpass (Engpass 1) beseitigen bzw. seine Wirkung verringern.

Im Ergebnis der Maßnahmen zur Beseitigung von Engpass 1 wird der Engpass mit hoher Relevanz jedoch zu einem anderen Engpass (Engpass 2) verschoben, der bei der Untersuchungsvariante 2 nur mittlere Relevanz besitzt. Das bedeutet also, dass nachdem die Engpässe mit hoher Stufe durch geeignete Maßnahmen beseitigt werden, andere Engpässe, die ursprünglich niedrigere Relevanzen besitzen, hierdurch eine höhere Engpassrelevanz erhalten können, weil die Struktur des ursprünglichen Betriebsprogramms sich geändert hat.

Die Wirksamkeit von Engpässen (Engpasssignifikanz) bei den drei Untersuchungsvarianten bei Verdichtungsstufe 100% wird in Abbildung 6-13 gezeigt. Engpass 1 ist bei der Untersuchungsvariante 1 ein Engpass mit hoher und bei Untersuchungsvariante 2 nur mittlerer Signifikanz, dennoch ist er bei Untersuchungsvariante 3 bei Stufe 100% kein Engpass. Engpass 2 besitzt bei Untersuchungsvariante 2 und 3 ebenso nur eine niedrigere Signifikanz im Vergleich mit Untersuchungsvariante 1.

Durch die Ergebnisse werden die Wirkungen der beiden ausgewählten Maßnahmen gezeigt. Mit den Maßnahmen wird das Leistungsverhalten des Untersuchungsraums durch die minimierte Wirkung der Engpässe verbessert.

Somit wird auch die These bestätigt, dass jede Infrastruktur grundsätzlich Engpässe enthält deren Relevanz von der Struktur des Betriebsprogramms und deren Signifikanz von der Belastung abhängig ist.

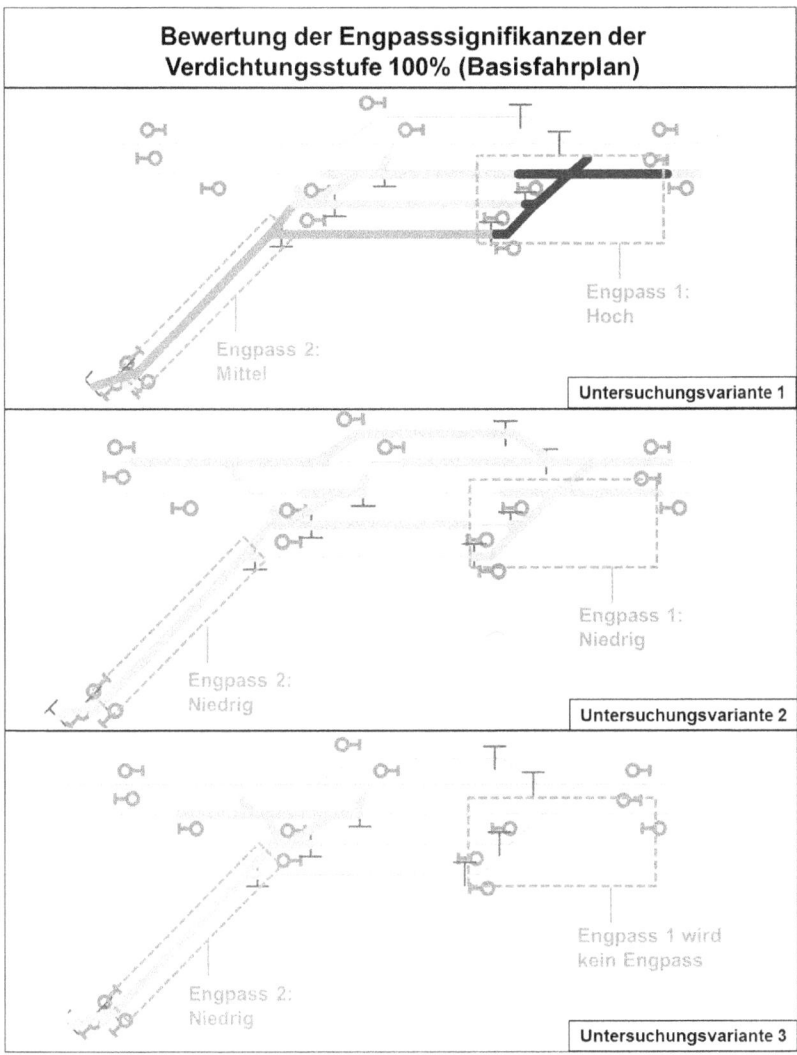

Abbildung 6-13: Engpasssignifikanzen der Untersuchungsvarianten bei der Verdichtungsstufe 100%

Durch die mit den Erkenntnissen dieses Forschungsprojekts ergänzte Engpassanalyse wird das Verfahren zur Leistungsuntersuchung mit wichtigen Komponenten vervollständigt und damit eine durchgängige Bewertung sowohl mit globalen makroskopischen als auch lokalen mikroskopischen Indikatoren ermöglicht.

7 Zusammenfassung

Die bisher vorhandenen Methoden zur Engpassanalyse beschränken sich auf die indirekte Erkennung der Wirkungen von Engpässen, die eine schlechte Betriebsqualität repräsentieren. Um die Leistungsfähigkeit durch Prozessoptimierung zu erhöhen, ist es sinnvoll, gezielte Maßnahmen zu ergreifen, mit denen die Engpässe beseitigt oder deren Wirkungen minimiert werden können. Mit den in der vorliegenden Arbeit entwickelten Bewertungsansätzen werden daher sowohl das Phänomen als auch die Ursachen von Engpässen identifiziert.

Bei der ursachenbezogenen Engpassanalyse wurden drei Kriterien auf der Grundlage des Belegungs- sowie des Behinderungsgrads verwendet. Somit können die Engpässe, die die Betriebsqualität negativ beeinflussen, lokalisiert werden. Um die Betriebsqualität zu verbessern, werden außer den Engpässen selbst auch deren Ursachen ermittelt, damit geeignete Maßnahmen abgeleitet werden können. Der im Rahmen des Forschungsprojekts entwickelte Algorithmus verschibt die auftretenden Behinderungen (Wartezeiten) entlang des Fahrtverlaufs nach der Logik der Behinderungen zwischen den Zügen an die Stellen, an denen die tatsächlichen Ursachen des Engpasses zu finden sind. Die neu zugeordnete belegungselementverursachte Behinderung eines Belegungselements ermöglicht die Identifizierung sowie die Zuordnung der Ursachen der Engpässe und ergänzt damit die vorhandenen Verfahren bei Leistungsuntersuchungen auf der mikroskopischen Ebene.

Mit den Ergebnissen aus der ursachenbezogenen Engpassanalyse können die makroskopischen Betrachtungen in verschiedenen Richtungen ergänzt werden (z.B. sinnvolle Begrenzung eines Untersuchungsraums, wenn sich Engpässe innerhalb, aber deren Ursachen außerhalb des Untersuchungsraums befinden).

Das im Rahmen des Forschungsprojekts entwickelte Bewertungsverfahren fasst die bisher getrennten Untersuchungen für Strecken und Eisenbahnknoten zusammen und liefert damit Aussagen über Kapazität und Qualität aus verschiedenen Aspekten innerhalb eines Bewertungsprozesses.

Das Forschungsvorhaben wurde vollständig innerhalb des vorgesehenen Zeitplans bearbeitet. Es wurde auch nachgewiesen, dass das entwickelte Bewertungsverfahren mit Simulationsverfahren in eine Bewertungssoftware implementierbar und auto-

Zusammenfassung

matisierbar ist. Im Rahmen des Forschungsprojekts hat ein von der DFG geförderter zweitägiger projektspezifischer Workshop[13] stattgefunden. Dabei wurden Informationen und der Forschungsstand mit anderen Forschungseinrichtungen und Praxisvertretern ausgetauscht sowie praktische Anwendungen und Weiterentwicklungen diskutiert. Während der Bearbeitung des Projekts wurden bei einer Fachzeitschrift bereits drei Veröffentlichungen [Li & Martin 2015], [Li & Martin 2013] sowie [Hantsch & Li et al. 2013] mit Teilergebnissen publiziert (siehe Anhang I, II und III) und ein Vortrag bei einer internationalen Fachkonferenz [Martin & Li 2013] gehalten.

---

[13] Projektspezifischer Workshop „Engpassanalyse bei eisenbahnbetriebswissenschaftlichen Leistungsuntersuchungen" am 6. und 7. März 2014 am Institut für Eisenbahn- und Verkehrswesen der Universität Stuttgart

Abkürzungen

Basisstruktur	BS
Behinderung	BH
Behinderungsgrad	BHG
Belegungselementverursachte Behinderung	BBH
Belegungsgrad	BLG
Belegungszeit	BL
Durchsatzbezogene Leistungsfähigkeit	DS LF
Engpassempfindlichkeit	EPE
Engpassrelevanz	EPR
Engpasssignifikanz	EPS
Fahrwegkomponente	FK
Maximale (theoretische) Leistungsfähigkeit	MT LF
Nicht erfüllbare Belegungswünsche	NEB
Optimaler Leistungsbereich	OLB
Verdichtungsstufe	VS

Formelzeichen

$\Delta tA_{Z_k, FK_{i+1}}$	Zeitlicher Abstand $\Delta tA_{Z_k, FK_{i+1}}$ des Belegungsanfangs zweier nacheinander zu belegenden Fahrwegkomponente FK_i, FK_{i+1} durch Z_k	[s]
BBH_{FK_i}	Belegungselementverursachende Behinderung der Fahrwegkomponente FK_i in Zeit	[s]
BH_{FK_i, Z_k}	Behinderung von Zug Z_k auf Fahrwegkomponente FK_i in Zeit	[s]
BH_{direkt}	Direkte Behinderung in Zeit	[s]
$BH_{indirekt}$	Indirekte Behinderung in Zeit	[s]
BS_j	Basisstruktur j	[-]
EPE	Engpassempfindlichkeit eines Belegungselements	[-]
$EPE2_{BS_i}$	Engpassempfindlichkeit der Basisstruktur BS_i innerhalb des Optimalen Leistungsbereichs	[-]
$EPE3_{BS_i}$	Engpassempfindlichkeit der Basisstruktur BS_i zwischen OLB-Obergrenze und der Durchsatzbezogenen Leistungsfähigkeit	[-]
$EPE4_{BS_i}$	Engpassempfindlichkeit der Basisstruktur BS_i oberhalb der Durchsatzbezogenen Leistungsfähigkeit	[-]
$FK_{(Start, Ende)}$	Fahrwegkomponente von Startknoten zum Endknoten	[-]
G_{EPE2}	Grenzwert der Engpassempfindlichkeit der Phase 2	[-]
G_{EPE3}	Grenzwert der Engpassempfindlichkeit der Phase 3	[-]
G_{EPE4}	Grenzwert der Engpassempfindlichkeit der Phase 4	[-]
$G_{NEB_{u\,nten}}$	Unterer Grenzwert der Nicht erfüllbaren Belegungswünsche	[s/Z]

G_{NEB_oben}	Oberer Grenzwert der Nicht erfüllbaren Belegungswünsche	[s/Z]
$IstBL_{FK_i}$	Ist-Belegungszeit von Fahrwegkomponente FK_i	[s]
K_{FK_p,FK_q}	Zeitspanne des Konflikts von zwei Zugfahren auf Fahrwegkomponenten FK_p und FK_q im Soll-Fahrplan	[s]
M_{BS,FK_i}	Menge der zugehörigen Basisstrukturen von Fahrwegkomponente FK_i	[-]
$M_{FK_i,Nach}$	Menge der nachfolgenden Fahrwegkomponenten von Fahrwegkomponente FK_i	[-]
$M_{FK_i,Vor}$	Menge der vorherigen Fahrwegkomponenten von Fahrwegkomponente FK_i	[-]
M_{fk,BS_j}	Menge der zugehörigen Fahrwegkomponenten von Basisstruktur BS_j	[-]
M_{neb,BS_j}	Menge der Fahrwegkomponenten mit Belegungswünsche von Basisstruktur BS_j	[-]
NEB_{BS_j}	Nicht erfüllbare Belegungswünsche pro Zeitintervall von BS_j	[s/Z]
N_Z	Anzahl der Züge, die die Fahrwegkomponente FK_i befahren	[-]
$SollBL_{FK_i}$	Soll-Belegungszeit von Fahrwegkomponente FK_i	[s]
tAW_{Z_k,FK_i}	Wunsch-Zeitpunkt zur Belegung von FK_i durch Z_k	[hh:mm:ss]
$tAist_{Z_k,FK_i}$	Anfangszeitpunkt der Ist-Sperrzeit nach der Betriebsdurchführung an der Fahrwegkomponente FK_i für den Zug Z_k	[hh:mm:ss]
$tAsoll_{Z_k,FK_i}$	Anfangszeitpunkt der Sperrzeit im Soll-Fahrplan an der Fahrwegkomponente FK_i für den Zug Z_k	[hh:mm:ss]

$tEist_{Z_k, FK_i}$ Endzeitpunkt der Ist-Sperrzeit nach der Betriebs-   [hh:mm:ss]
durchführung an der Fahrwegkomponente FK_i für
den Zug Z_k

$tEsoll_{Z_k, FK_i}$ Endzeitpunkt der Sperrzeit im Soll-Fahrplan an der   [hh:mm:ss]
Fahrwegkomponente FK_i für den Zug Z_k

T Auswertezeitraum   [s]

Glossar

Außerplanmäßige Wartezeit	Wartezeit aufgrund einer Behinderung durch einen anderen Zug im Zustand des Betriebsablaufes, sofern diese nicht bereits im Fahrplan enthalten ist
Auswertezeitraum	Zeitraum, für den die Kenngrößen ermittelt und ausgewertet werden.
Basisstruktur	Eine Basisstruktur ist ein zusammenhängender Teil der befahrbaren Infrastruktur, der als ungerichtetes Belegungselement in allen Richtungen durch

- das nächstliegende Signal,
- die nächstliegende Signalzugschlussstelle,
- die nächstliegende Fahrstraßenzugschlussstelle (das sind auch die Zugschlussstellen der Teilfahrstraßenauflösung)
- oder den Rand des Untersuchungsraums
- begrenzt wird.

Behinderungsgrad	Quotient aus der Summe der behinderungsbedingten Wartezeit und dem Auswertezeitraum. Er entspricht der Differenz von Ist-Belegungsgrad und Soll-Belegungsgrad.
Belastung	Anzahl der Zugfahrten pro Zeitintervall im Auswertezeitraum, die für Leistungsuntersuchungen im Untersuchungsraum zu berücksichtigen sind. Die Aussage über eine Belastung beinhält immer ein bestimmtes Betriebsprogramm.
Belegungselement	Teil der befahrbaren Infrastruktur. Ein Belegungselement kann gerichtet (z.B. Fahrstraße) oder ungerichtet (z.B. Strecke oder Teilstrecke) sein.

Belegungselementverursachte Behinderung	Bezogen auf ein Belegungselement (gerichtet oder ungerichtet). Die Summe der Zeiten, durch die Zugfahrten auf diesem Belegungselement andere Zugfahrten direkt oder aufgrund der Behinderungsfortpflanzung indirekt behindern.
Belegungsgrad	Der Belegungsgrad eines Belegungselements ist der Quotient aus der Summe der Sperrzeiten (Belegungszeiten) dieses Belegungselements und dem Untersuchungszeitraum.
Betriebsprogramm	Im Sinne der eisenbahnbetriebswissenschaftlichen Untersuchung ist das Betriebsprogramm die umfassende Beschreibung von Betriebsvorgängen und an diesen Vorgängen beteiligten Verkehrseinheiten je nach Aufgabenstellung im erforderlichen Detaillierungsgrad. Deren wichtigsten Merkmale sind z.B.

- Menge der Verkehrseinheiten (Fahrzeuge)
- Struktur, Reihenfolge, Eigenschaften und Verhältnis der Verkehrseinheiten zueinander,
- Zeitliche Verteilung der Verkehrseinheiten, usw.

Grobes Betriebsprogramm: s.a. Zugmix

Betriebssimulation	Bei Betriebssimulationen (auch Mehrfachsimulationen) wird ein Fahrplan mit Störungen belegt. Dazu gehören Einbruchs- und Unterwegsverspätungen. Entstehende Konflikte zwischen Fahrplantrassen und evtl. auftretende Auflösungen von Verknüpfungen zwischen Zügen können zu Folgeverspätungen führen.
Durchsatzbezogene Leistungsfähigkeit	Die maximale (unter allen möglichen Zugfolgefällen) Belastung in der stationären Phase des Betriebsablaufs, bei der eine gegebene Infrastruktur mit gegebenem groben Betriebsprogramm (Zugmix) mit maximalem Durchsatz unter

Glossar

	Beibehaltung des Zugmixes (Eingangsbelastung = Ausgangsbelastung) arbeitet. Eine weitere Erhöhung der Belastung führt zu einem verminderten Anwachsen bzw. einer Veränderung des Zugmixes des Ausgangsstromes.
Eisenbahnknoten	Bahnhöfe, in denen mindestens zwei Strecken verknüpft sind, und Abzweigstellen [DB Netz AG 2008]. Eisenbahnknoten werden in der eisenbahnbetrieblichen Fachwelt häufig mit dem allgemeinen Begriff „Knoten" bezeichnet
Engpassempfindlichkeit	Die Engpassempfindlichkeit eines Belegungselements bezeichnet die Änderung des Behinderungsgrades in Abhängigkeit des Belegungsgrads auf dem betreffenden Belegungselement
Engpassrelevanz	Die Engpassrelevanz beschreibt die Wahrscheinlichkeit, dass ein Infrastrukturabschnitt als Engpass unter bestimmten Bedingungen (Struktur des Betriebsprogramms) in Erscheinung tritt und verdeutlicht somit das Engpasspotenzial innerhalb eines Untersuchungsraums bei Anwendung eines Betriebsprogramms.
Engpasssignifikanz	Die Signifikanz des Engpasses beschreibt, ob ein Engpass in Abhängigkeit von der festgelegten Grenze der Betriebsqualität, der Struktur eines bestimmten Betriebsprogramms und der betrachteten Belastung (Verdichtungsstufe) real auch tatsächlich betrieblichen Einfluss erlangt.
Fahrplansimulation	Begriff im Sinne der Simulationsverfahren (auch Einfachsimulation). Entweder wird ein konfliktfreier Fahrplan erstellt, indem für die Züge nacheinander Trassen gefunden werden, die (unter Berücksichtigung der Pufferzeiten) von vornherein konfliktfrei sind (asynchrone Methode). Ggf. werden betriebliche Wartezeiten vorgesehen.
	Oder es wird ein bestehender Fahrplan simuliert, so dass sich möglicherweise vorhandene Konflikte zeigen und be-

Glossar

hoben werden können (synchrone Methode). Diese Konflikte manifestieren sich in Form von auftretenden Verspätungszeiten. Ist der Fahrplan konfliktfrei, treten keine Verspätungen auf.

Fahrweg Als Fahrweg wird die Menge/Folge der Weichen bzw. Teilfahrstraßenknoten und Gleise verstanden, über die ein Zug im Betrachtungsraum vom Einbruchspunkt A bis zum Ausbruchspunkt B verkehren kann. (In der Simulation entspricht dies der Folge von Belegungselementen bzw. Kanten). Sinngemäß gilt das Gleiche für beginnende und endende Züge.

Fahrwegkomponente Eine Fahrwegkomponente ist ein zusammenhängender Teil der befahrbaren Infrastruktur (z.B. Fahrstraßen, ggf. auch Fahrtabschnitte bis zum nächsten Zielsignal), der als gerichtetes Belegungselement gesondert aufgelöst werden kann.

Folgeverspätung Außerplanmäßige Fahr- bzw. Haltezeit von Zügen, die infolge der konfliktbedingten Behinderungen durch andere Züge auftritt. Im realen Betrieb treten Folgeverspätungen entweder behinderungsbedingt als außerplanmäßige Wartezeiten oder synchronisationsbedingt als außerplanmäßige Synchronisationszeiten in Erscheinung. Im Sinne der Untersuchungen in der vorliegenden Arbeit sind Synchronisationszeiten unter stochastischen Bedingungen nicht explizit berücksichtigt, weshalb die Folgeverspätung insgesamt als behinderungsbedingte Wartezeit verstanden werden kann.

Infrastrukturabschnitt Ein Infrastrukturabschnitt ist eine zusammenhängende Vereinigung von ungerichteten Belegungselementen.

Kenngröße Bei Leistungsuntersuchungen sind Kenngrößen messbare, berechenbare oder durch Simulation ermittelbare Größen,

	die das Leistungsverhalten von Untersuchungsräumen nach unterschiedlichen Aufgabenstellungen quantitativ oder qualitativ beschreiben können ([DB Netz AG 2008]) beschreiben.
Kriterium	Unterscheidendes Merkmal als Bedingung für die Bewertung, um erwartete Aussagen zu treffen. Eine ausgewählte Kenngröße kann als ein Kriterium dienen.
Leistungsanforderung	Belastung
Leistungsfähigkeit	Auch genannt als „Kapazität", ist der Oberbegriff für verschiedenen Leistungskenngrößen von Netzelementen [DB Netz AG 2008]. Netzelemente sind Teile des Fahrwegs, für die sich Kenngrößen ermitteln lassen. Im Sinne der vorliegenden Forschungsarbeit hat ein Netzelement die gleiche Bedeutung wie Belegungselement.
Leistungsverhalten	Beschreibung des Zusammenhangs zwischen drei Größen: Belastung (bei gleichbleibender Struktur des Betriebsprogramms), Betriebsqualität und Bahnanlagen. Aus jeden zwei Größen als Eingangsgrößen lässt sich die jeweils dritte als Ausgangsgröße ermitteln.
Nicht erfüllbare Belegungswünsche	Die „Nicht erfüllbaren Belegungswünsche" (NEB) eines Belegungselements entsprechen der Summe der behinderungsbedingten Wartezeiten aller Züge, die dieses Belegungselement anfordern können. Sie werden in der Einheit [Zeit] gemessen
Optimaler Leistungsbereich	Bei gegebenem Untersuchungsraum und Betriebsprogramm bezeichnet der Optimale Leistungsbereich das Intervall von Belastungen, dessen Untergrenze durch die Belastung mit minimaler relativer Empfindlichkeit der Wartezeitfunktion und dessen Obergrenze durch die Belastung mit maximaler Beförderungsenergie gegeben ist. Für Belastungen innerhalb dieses Bereichs liegt gleichzeitig eine

Glossar

	wirtschaftlich optimale sowie kundenfreundliche Auslastung des untersuchten Netzes bei gegebenem Betriebsprogramm vor.
Planmäßige Wartezeit	Wartezeiten, die bereits in den Fahrplan eingearbeitet werden. Dazu gehören Synchronisationszeiten und Wartezeiten beim planmäßigen Kreuzen und Überholen.
Qualitätsmaßstab	Um die Betriebsqualität mit Kenngrößen zu bewerten, werden für die Kenngrößen Qualitätsmaßstäbe festgelegt. Die Qualitätsmaßstäbe geben an, in welcher Qualitätsstufe sich die ermittelte Kenngröße befindet.
Untersuchungsraum	Ausschnitt des Eisenbahnnetzes, für den die Leistungsuntersuchung durchgeführt wird und Aussagen zum Leistungsverhalten zu erwarten sind.
Urverspätung	Außerplanmäßige Fahr- und Haltezeiten infolge technischer, verkehrlicher, betrieblicher Störungen oder sonstiger ungeplanter Ereignisse.
Verdichtungsstufe	Der Begriff „Verdichtungsstufe" ist ein spezifischer Begriff im Rahmen der eisenbahnbetriebswissenschaftlichen Leistungsuntersuchungen mit Simulationsverfahren in Bezug auf einen zugrunde gelegten Fahrplan (Basisfahrplan). Jede Verdichtungsstufe entspricht einer Belastung im Verhältnis zu der Belastung des Basisfahrplans. Eine Verdichtungsstufe stellt keinen konkreten Fahrplan sondern die Größe einer Belastung dar, sie kann mehrere Fahrpläne gleicher Belastung unter Beibehaltung der Struktur des Betriebsprogramms umfassen.
Wartezeit	Infolge der Abhängigkeit zu anderen Zügen behinderungsbedingt entstehende Fahr- und Haltezeitverlängerung
Zuglaufgruppe	Gruppe der Züge mit gleichen Eigenschaften

Zugmix Struktur des Betriebsprogramms, die die Eigenschaften der Modellzüge und das anteilige Verhältnis der Zugzahl jeder Gruppe von Zügen, die einen Modellzug repräsentiert (in dieser Arbeit auch „**Zuglaufgruppe**" genannt), umfasst. Der „Zugmix" wird auch als „**grobes Betriebsprogramm**" bezeichnet.

Literaturverzeichnis

[Bosse et al. 1995]	Bosse, Gunnar; Martin, Ullrich; Pachl, Jörn: Anwendung des Simulationsprogramms UX-SIMU zur Leistungsuntersuchung von Strecken, 1995.
[BVU 2007]	BVU: Prognose der deutschlandweiten Verkehrsverflechtungen 2025. FE-Nr.96.0857/2005. München/Freiburg, 14.11.2007.
[Chu 2014]	Chu, Zifu: *Modellierung der Wartezeitfunktion bei Leistungsuntersuchungen im Schienenverkehr unter Berücksichtigung der transienten Phase*. Dissertation. Universität Stuttgart, IEV. Betreut von Ullrich Martin. Schriftenreihe VWI Neues verkehrswissenschaftliches Journal – Ausgabe 10. Norderstadt: BoD - Books on Demand. 2014.
[DB Netz AG 2008]	DB Netz AG: DB Richtlinie 405 - Fahrwegkapazität, 2008.
[Hantsch & Li et al. 2013]	Hantsch & Li; Martin, Ullrich: Methoden zur Engpassanalyse bei der Infrastrukturbemessung im Schienenverkehr. In: ETR-Eisenbahntechnische Rundschau, Nr. 3, Jg. 62, 2013, S. 30–33.
[Hertel et al. 1987]	Hertel, Günter; Ludwig, Dietmar; Bauer, Jörg: Leistung und Qualität im Eisenbahntransport (34), 1987.
[Li & Martin 2015]	Li, Xiaojun; Martin, Ullrich: *Ursachenbezogene Engpassbewertung in der Eisenbahnbetriebssimulation – DFG Forschungsprojekt EPSUR*. In: ETR – Eisenbahntechnische Rundschau, Nr. 1+2, Jg. 64. 2015, S. 30-34.
[Li & Martin 2013]	Li, Xiaojun; Martin, Ullrich: Einfluss des Betriebsprogramms und der Infrastrukturgestaltung auf die Ent-

	stehung von Engpässen im Schienenverkehr (63), 2013.
[Martin et al. 2011a]	Martin, Ullrich; Schmidt, Christine; Chu, Zifu: PULEIV Anwendungsleitfaden. zur PULEIV - Version 2.1. Anleitung zur Ermittlung des Leistungsverhaltens von Eisenbahninfrastrukturen mit Hilfe von Simulationsprogrammen. Stuttgart, 2011a.
[Martin et al. 2011b]	Martin, Ullrich; Schmidt, Christine; Li, Xiaojun et al.: PULEIV 2 Referenz, Version 2.1. Stuttgart, 2011b.
[Martin et al. 2012]	Martin, Ullrich; Li, Xiaojun; Warninghoff, Carsten-Rainer: Bewertungsverfahren für Knotenelemente bei der Infrastrukturbemessung – RePlan. In: ETR-Eisenbahntechnische Rundschau, Nr. 11, Jg. 61. 2012, S. 38-43.
[Martin et al. 2013]	Martin, Ullrich; Chu, Zifu: *Direkte experimentelle Bestimmung der maximalen Leistungsfähigkeit bei Leistungsuntersuchungen im spurgeführten Verkehr*. DFG-Forschungsvorhaben (MA 2326/6-1). Schriftenreihe VWI Neues verkehrswissenschaftliches Journal-NVJ, Ausgabe 7, Norderstadt: BoD - Books on Demand, 2013.
[Martin & Li 2013]	Martin, Ullrich; Li, Xiaojun: Simulation-based universal method of evaluation for railway-nodes by dimensioning infrastructure in rail-based transport. IAROR 5th International Conference on Railway Operations Modelling and Analysis. Copenhagen, Denmark, 2013.
[Martin et al. 2014]	Martin, Ullrich; Cui, Yong: *Entwicklung eines Algorithmus für die Kalibrierung von Modellen zur Betriebssimulation in spurgeführten Verkehrssystemen*

Literaturverzeichnis

	unter Berücksichtigung stochastischer Bedingungen. DFG – Forschungsvorhaben (MA 2326/9-1). Schriftenreihe VWI Neues verkehrswissenschaftliches Journal-NVJ, Ausgabe 9, Norderstadt: BoD - Books on Demand, 2014.
[Oetting 2005]	Oetting, Antje: Physikalische Maßstäbe zur Beurteilung des Leistungsverhaltens von Eisenbahnstrecken, 2005.
[Pachl 2011]	Pachl, Jörn: Systemtechnik des Schienenverkehrs. Bahnbetrieb planen, steuern und sichern. 6. Auflage, Vieweg + Teubner Verlag, 2011. ISBN 978-3-8348-1428-9
[Radtke 2008]	Radtke, Alfons: Infrastructure Modelling. In: Hansen, Ingo Arne; Pachl, Jörn (Hg.): RailwayTimetable& Traffic. Hamburg: Eurailpress, S. 43–57, 2008.
[RMCon 2010]	RMCon: Handbuch RailSys 7, 2010.
[Schmidt 2009]	Schmidt, Christine: Beitrag zur experimentellen Bestimmung der Wartezeitfunktion bei Leistungsuntersuchungen im spurgeführten Verkehr. Dissertation. Universität Stuttgart, IEV. Betreut von Ullrich Martin, 2009.
[Schwanhäußer 1978]	Schwanhäußer, Wulf: Die Ermittlung der Leistungsfähigkeit von großen Fahrstraßenknoten und von Teilen des Eisenbahnnetzes. In: Archiv für Eisenbahntechnik, Nr. 33, 1978, S. 7–18.
[Schwanhäußer et al. 2007]	Schwanhäußer, Wulf; Wendler, Ekkehard; Dickenbrok, Björn et al.: Qualitätsmaßstäbe zum Leistungsverhalten von Eisenbahnstrecken optimieren. Eisenbahnbetriebswissenschaftliches Gutachten im Auftrag der DB Netz AG, 2007.

[Vakhtel 2002] Vakhtel, Sergey: Rechnerunterstützte analytische Ermittlung der Kapazität von Eisenbahnnetzen. Dissertation, RWTH Aachen, VIA. Betreut von Wulf Schwanhäußer, 2002.

[Warninghoff et al. 2004]   Warninghoff, Carsten-Rainer; Bendfeldt, Jan-Philipp: Infrastrukturbezogene Auswertung von Betriebssimulationen in der Eisenbahnbetriebswissenschaft. In: ETR-Eisenbahntechnische Rundschau, Nr. 6, Jg. 53. 2004, S. 363-370.

[Weigand et al. 2014]   Weigand, Werner; Feil, Matthias; Schaer, Thorsten: 1.NMF 3 -Wo stehen wir? EBWU und Netzstrategie 2030, März/April 2014.

[Wendler et al. 2002]   Wendler, Ekkehard; Nießen, Nils; Jacobs, Jürgen et al.: Eisenbahnbetriebswissenschaftliche Untersuchung des Knotens Koblenz Hbf. Eisenbahnbetriebswissenschaftliches Gutachten im Auftrag der DB Netz AG, 2002.

Anhang I: Methoden zur Engpassanalyse bei der Infrastrukturbemessung im Schienenverkehr

WISSEN | LEISTUNGSUNTERSUCHUNG

Methoden zur Engpassanalyse bei der Infrastrukturbemessung im Schienenverkehr

Ein Ziel von Leistungsuntersuchungen besteht in der Ableitung von geeigneten Maßnahmen zur Verbesserung der Leistungsfähigkeit und Betriebsqualität des Untersuchungsraums. Die Engpassanalyse spielt hierbei eine zentrale Rolle. In diesem Beitrag werden Methoden zur Engpassanalyse und ihre Anwendungen vor- und gegenübergestellt.

→ Globale Indikatoren, wie der optimale Leistungsbereich und Verspätungskoeffizienten, werden in eisenbahnwissenschaftlichen Leistungsuntersuchungen zur Bewertung einer gegebenen Infrastruktur hinsichtlich ihres Leistungsverhaltens und ihrer Betriebsqualität für den gesamten Untersuchungsraum verwendet. Die Ableitung geeigneter Maßnahmen zur Verbesserung der Leistungsfähigkeit und der Betriebsqualität erfordert jedoch auch die Untersuchung lokaler Indikatoren für das Leistungsverhalten einzelner Infrastrukturelemente und eine Engpassanalyse, die in diesem Beitrag näher untersucht werden soll (Bild 1).

1. ENGPÄSSE IM SCHIENENVERKEHR

Im Sinne allgemeingültiger Leistungsuntersuchungen ist ein Infrastrukturabschnitt (je nach Detaillierungsgrad der Betrachtung eine einzelne Weiche, ein Gleisabschnitt, eine Weichengruppe, eine Gleisgruppe, ein Knoten oder eine Strecke) dann ein Engpass, wenn andere Fahrten wegen der Belegung auf diesem Infrastrukturabschnitt so stark beeinträchtigt werden, dass der Betrieb auf benachbarten Abschnitten behindert und damit die Betriebsqualität negativ beeinflusst wird, d. h. dieser Infrastrukturabschnitt wirkt betriebsbehindernd. Bei der Modellierung

Dr. rer. nat. Fabian Hantsch
Akademischer Mitarbeiter am Institut für Eisenbahn- und Verkehrswesen der Universität Stuttgart (IEV)
fabian.hantsch@ievvwi.uni-stuttgart.de

Dipl.-Inf. Xiaojun Li
Akademische Mitarbeiterin am Institut für Eisenbahn- und Verkehrswesen der Universität Stuttgart (IEV)
xiaojun.li@ievvwi.uni-stuttgart.de

Prof. Dr.-Ing. Ullrich Martin
Direktor des Instituts für Eisenbahn- und Verkehrswesen der Universität Stuttgart (IEV) und des Verkehrswissenschaftlichen Instituts Stuttgart GmbH (VWI)
ullrich.martin@ievvwi.uni-stuttgart.de

des Bahnbetriebs kann ein Infrastrukturabschnitt als Engpass identifiziert werden, wenn die behinderungsbedingten Wartezeiten im Durchschnitt für alle Fahrten, die die Belegung dieses Infrastrukturabschnittes anfordern, soweit ansteigen, dass eine festgelegte Grenze der Betriebsqualität überschritten wird. Der Engpass selbst muss dabei nicht in jedem Fall übermäßig belegt sein, und eine Behinderung auf dem zugehörigen Infrastrukturabschnitt selbst muss nicht auftreten. Die Wirkungen des Engpasses werden jedoch in benachbarten Infrastrukturabschnitten erkennbar.
Im vorliegenden Artikel werden verschiedene Methoden zur Engpasserkennung vorgestellt und eine Bewertung der Engpässe hinsichtlich ihrer Relevanz und ihres tatsächlichen betrieblichen Einflusses vorgenommen. Weiter wird auf den Zusammenhang zwischen der Betriebsqualität im Untersuchungsraum

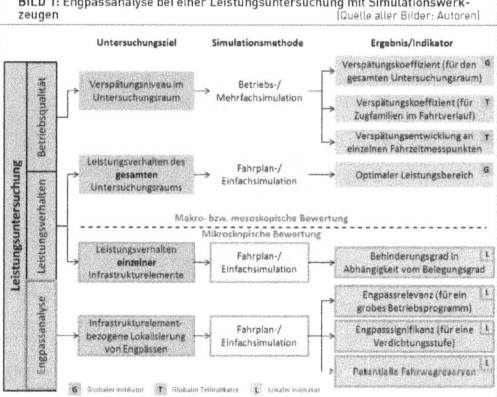

BILD 1: Engpassanalyse bei einer Leistungsuntersuchung mit Simulationswerkzeugen (Quelle aller Bilder: Autoren)

Anhang I: Methoden zur Engpassanalyse bei der Infrastrukturbemessung im Schienenverkehr

und der Engpassanalyse eingegangen und eine Übersicht über mögliche Anwendungsgebiete der Engpassanalyse gegeben.

2. METHODEN ZUR ENGPASS-IDENTIFIZIERUNG

Wartezeit	Behinderungsbedingt entstehende Fahr- und Haltezeitverlängerung durch andere Züge [2]
Belegungsgrad	Quotient aus der Summe der Sperrzeiten [Belegungszeit] und dem Untersuchungszeitraum
Behinderungsgrad	Quotient aus der Summe der behinderungsbedingten Wartezeit und dem Untersuchungszeitraum
Nicht erfüllbare Belegungswünsche	Summe der auf einem Infrastrukturabschnitt auftretenden behinderungsbedingten Wartezeiten aller Züge, vergleichbar mit den infrastrukturbezogenen Behinderungen in DB Richtlinie 405 [2]
Engpassempfindlichkeit	Änderung des Behinderungsgrades auf einem Infrastrukturabschnitt in Abhängigkeit von dessen Belegungsgrad

TABELLE 1: Kenngrößen zur Erkennung und Bewertung von Engpässen

Je nach zugrunde liegender Aufgabenstellung bieten sich unterschiedliche Methoden zur Engpasserkennung an, von denen hier drei näher betrachtet werden.
Durch die Engpassempfindlichkeit, d. h. die Änderung des Behinderungsgrades (vgl. Tabelle 1) auf einem Infrastrukturabschnitt in Abhängigkeit von dessen Belegungsgrad (vgl. Tabelle 1), lassen sich Engpässe auf der Grundlage grober Betriebsprogramme (zufallsbeeinflusste Fahrplanstruktur) bestimmen. Bei einem groben Betriebsprogramm ergibt sich die Engpassempfindlichkeit aus dem Vergleich mehrerer Verdichtungsstufen (mehrere Einfachsimulationen) dieses Betriebsprogramms. Die Fahrpläne der einzelnen Verdichtungsstufen werden zufällig unter Beibehaltung der Grundstruktur des Betriebsprogramms erzeugt (vgl. [1]), d. h. es kann durchaus sinnvoll sein, mehrere Fahrpläne einer Verdichtungsstufe zu generieren. Bei der Bestimmung der Engpassempfindlichkeit wird die Frage beantwortet: „Wie schnell verändert sich der Behinderungsgrad mit steigendem Belegungsgrad auf einem betrachtetem Betriebsprogramm?"
Neben der Engpassempfindlichkeit ist auch die Frage „Wie viele Fahrten werden wegen nicht erfüllbarer Belegungswünsche für einen Infrastrukturabschnitt behindert?" von hoher praktischer Bedeutung. D. h. bei einer ungünstigen Konstellation der Zugfahrten innerhalb eines Betriebsprogramms können durchaus auch bei

Stufe	Identifizierter Engpasstyp
hoch	E1-2-3
mittel	E1-2, E1-3
niedrig	E1

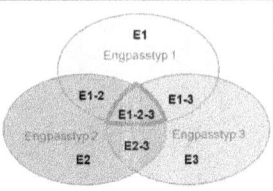

BILD 2: Engpassstufe in Abhängigkeit von der Identifizierung mit unterschiedlichen Methoden

insgesamt niedriger Belegungszeit verhältnismäßig viele Züge auf einem Infrastrukturabschnitt behindert werden.
Eine dritte Möglichkeit bei der Identifizierung von Engpässen wird erkennbar, wenn der Belegungsgrad auf einem Infrastrukturabschnitt berücksichtigt wird. Hier steht die Frage „Welche Behinderung ergibt sich aufgrund der gesamten Belegungszeit eines Infrastrukturabschnittes?" Im Mittelpunkt, d. h. es wird geprüft, zu welchem Anteil der betreffende Infrastrukturabschnitt nicht belegt ist. Entsprechend der Ausrichtung der zu beantwortenden Fragen ergeben sich also folgende verschiedene Methoden zur Engpassidentifizierung:

→ Engpasstyp E1 (Engpassempfindlichkeit): Engpässe, die bei einem groben Betriebsprogramm (zufallsbeeinflusste Fahrplanstruktur) und dessen Verdichtung in Erscheinung treten;

→ Engpasstyp E2 (nicht erfüllbare Belegungswünsche): Engpässe aufgrund nicht erfüllbarer Belegungswünsche, die bei einem groben Betriebsprogramm, einer Verdichtungsstufe oder einem konkreten Fahrplan in Erscheinung treten;

→ Engpasstyp E3 (Belegungsgrad): Engpässe, die bei einem groben Betriebsprogramm, einer Verdichtungsstufe oder einem konkreten Fahrplan in Erscheinung treten.

Für die Erkennung der einzelnen Engpasstypen sind jeweils geeignete Schwellwerte zu definieren, die beispielsweise aus den Kenngrößen von Fahrplänen im optimalen Leistungsbereich gewonnen werden können (vgl. u. a. [4]). Nach der Ermittlung des Typs der einzelnen Engpässe lässt sich die Bedeutung eines Engpasses deutlich unter den einzelnen Methoden durch eine Priorisierung bestimmen (Engpassprioritiät). Dabei ergibt sich die Priorität eines Engpasses in Abhängigkeit von den Methoden, mit denen der Engpass identifiziert wird. Engpässe, die in allen drei Methoden der Identifizierung erkannt werden, besitzen eine hohe Priorität. Werden Engpässe nicht durch alle drei Methoden sichtbar, verringert sich deren Priorität (vgl. Bild 2).

3. ENGPASSRELEVANZ UND ENGPASSSIGNIFIKANZ

Die Engpassrelevanz beschreibt die Wahrscheinlichkeit, dass ein Infrastrukturabschnitt als Engpass unter bestimmten Bedingungen (Struktur des Betriebsprogramms) in Erscheinung tritt und verdeutlicht somit das Engpasspotential innerhalb eines Untersuchungsraums bei Anwendung eines Betriebsprogramms. Infrastrukturabschnitte mit hoher Engpassrelevanz kennzeichnen somit unter zunehmender Belastung die am sensibelsten reagierenden Bereiche und sind demzufolge grundsätzlich bei allen Infrastrukturen, unabhängig von deren konkreter Ausgestaltung, vorhanden. Das heißt, jeder Untersuchungsraum enthält maßgebende Engpässe. Die wesentlichen Fragen sind deshalb, wann und in welcher Form diese Engpässe erheblichen betrieblichen Einfluss entwickeln. In Abhängigkeit von der festgelegten Grenze der Betriebsqualität, der Struktur des konkreten Betriebsprogramms und der betrachteten Belastung (Züge pro Zeiteinheit) kann ein vorhandener Engpass in der Realität tatsächlich betrieblich einflussreich oder tritt nicht direkt in Erscheinung. Die Signifikanz des Engpasses beschreibt, ob ein Engpass in Abhängigkeit von der festgelegten Grenze der Betriebsqualität, der Struktur eines bestimmten Betriebsprogramms und der betrachteten Belastung (Verdichtungsstufe) real auch tatsächlich betrieblichen Einfluss entwickelt. Beispielsweise kann in einem Untersuchungsraum eine Vielzahl an (potentieller) Engpässe mit der Stufe Engpassrelevanz „Hoch" identifiziert werden, die praktisch jedoch wenig bzw. keinen betrieblichen Einfluss haben, da die Belastung des realen Betriebsprogramms deutlich unter dem Schwellwert liegt, der für eine gegenseitige Behinderung der einzelnen Fahrten erreicht werden muss. Ein Beispiel ist in Bild 3 dargestellt.
In dem Beispiel in Bild 3 werden alle als hochsignifikant identifizierten Engpässe auch als Engpass mit hoher Relevanz erkannt. Das gilt innerhalb des optimalen Leistungsbereichs im uneingeschränkt akzeptablen »

WISSEN | LEISTUNGSUNTERSUCHUNG

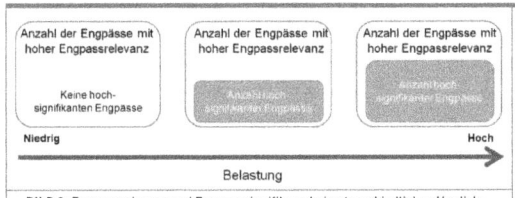

BILD 3: Engpassrelevanz und Engpasssignifikanz bei unterschiedlichen Verdichtungsstufen

Bereich (Bild 4). Bei hoher Belastung (an der oberen Grenze des optimalen Leistungsbereichs) kann es aufgrund größerer Rückstauerscheinungen auch über mehrere als relevant erkannte Engpässe hinweg und damit verbundener Wechselwirkungen vorkommen, dass in Einzelfällen auch hoch-signifikante Engpässe identifiziert werden, die zuvor nicht als Engpässe mit hoher Relevanz erkannt wurden (Bild 4). Innerhalb des optimalen Leistungsbereichs können diesbezügliche Einzelfälle im akzeptabel risikobehafteten Bereich auftreten.

4. ENGPÄSSE UND BETRIEBSQUALITÄT

Da Engpässe auch auf kleine Infrastrukturabschnitte (z. B. auf eine einzelne Weiche) beschränkt sein können und demzufolge keine Fahrzeitmesspunkte enthalten müssen, lässt das Leistungsverhalten dieser Infrastrukturabschnitte im Allgemeinen keine direkten Rückschlüsse auf die Auswirkungen des Engpasses auf die Betriebsqualität im Untersuchungsraum zu. So kann beispielsweise ein auf einen kurzen Infrastrukturabschnitt begrenzter Engpass lokal durchaus stark betriebsbehindernd wirken, ohne dass die Betriebsqualität im gesamten Untersuchungsraum beeinträchtigt wird, weil eine Kompensation der negativen Wirkungen des Engpasses aufgrund von Reservezeiten (Fahrzeitzuschlägen, planmäßigen Warte- und Synchronisationszeiten, Pufferzeiten) bereits

vor Erreichen des nächsten Fahrzeitmesspunktes erfolgt. Es ist also möglich, dass in einem Untersuchungsraum mehrere Engpässe mit hoher Relevanz erkannt werden, aber aufgrund der geschickten Gestaltung des Betriebsprogramms trotzdem keine wesentliche Verschlechterung der Betriebsqualität für den gesamten Untersuchungsraum entsteht. Deshalb wird bei der Untersuchung des Leistungsverhaltens einzelner Infrastrukturabschnitte im Rahmen der Engpassanalyse nicht von einer „mangelhaften" sondern folgerichtig von einer „betriebsbehindernden" Qualität gesprochen (vgl. Tabelle 2, [3]).

	Betriebsqualität in der Engpass-Betrachtung	Betriebsqualität im gesamten Untersuchungsraum	Erläuterung
	Besser als erforderlich	Besser als erforderlich	Potentielle Reserven vorhanden
	Uneingeschränkt akzeptabel	Uneingeschränkt akzeptabel	Wirtschaftlich optimal (Optimaler Leistungsbereich)
	Akzeptabel risikobehaftet	Akzeptabel risikobehaftet	
	Betriebsbehindernd	Mangelhaft	Grundsätzlich zu vermeiden

TABELLE 2: Vergleich der Klassifizierung der Qualitätsstufen bei der Engpass-Betrachtung und der Betrachtung der Betriebsqualität im gesamten Untersuchungsraum

BILD 4: Engpassrelevanz und Engpasssignifikanz im optimalen Leistungsbereich

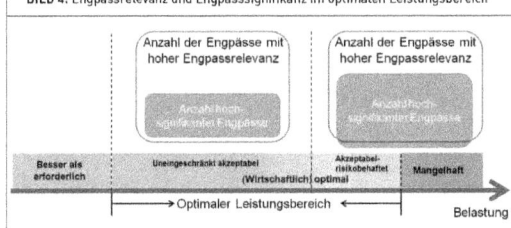

und [4] für eine detaillierte Beschreibung des Leistungsverhaltens einzelner Infrastrukturabschnitte in der Engpassanalyse). Die Klassifizierung der Stufen für die Betriebsqualität orientiert sich u. a. an der DB Richtlinie 405 [2] und ist damit auch bei einer mehrskaligen Untersuchung von der Mikro- über die Meso- bis hin zur Makro-Betrachtung konsistent möglich.

5. ENGPASSANALYSE IN DER PRAKTISCHEN ANWENDUNG

Im Rahmen einer Engpassanalyse ergeben sich aus Sicht der praktischen Anwendung u. a. folgende allgemeine Aufgabenstellungen:

a) Diagnose
→ Identifizierung der Engpässe einer Infrastruktur mit einem groben Betriebsprogramm als Eingangsparameter.
→ Identifizierung der Engpässe einer Infrastruktur mit einem konkreten Fahrplan als Eingangsparameter.
→ Bewertung der identifizierten Engpässe nach deren Relevanz und Signifikanz.

b) Therapie (in Abhängigkeit von den Ergebnissen der Diagnose).
→ Anpassung einzelner Fahrten,
→ strukturelle Anpassungen des Betriebsprogramms,
→ Anpassung der Infrastruktur und ggf. des Betriebsprogramms.

Im Rahmen konkreter Untersuchungen können so beispielsweise folgende Fragestellungen beantwortet werden:

→ Wo befinden sich in einem Untersuchungsraum (potentielle) Engpässe und wie ist deren Relevanz?
→ Wie stark kann ein reales Betriebsprogramm verdichtet werden, bevor die (potentiellen) Engpässe tatsächlich erheblichen betrieblichen Einfluss entwickeln, d.h. ab welcher Belastung werden Engpässe signifikant?
→ Wie stark muss ein reales Betriebsprogramm ausgedünnt werden, so dass ursprünglich hoch signifikante Engpässe nur noch potentiellen Charakter besitzen?
→ Welche betrieblichen/fahrplanbezogenen Maßnahmen (z. B. Nutzung alternativer Fahrwege und Bahnhofsgleise) sind sinnvoll, um zu vermeiden, dass Engpässe bei konkreten Fahrplänen betrieblichen Einfluss entwickeln?
→ Welche Infrastrukturmaßnahmen führen zur Reduzierung von relevanten Engpässen?
→ In welchem Umfang lässt sich die Infrastrukturauslastung durch die Engpassanalyse erhöhen?

Anhang I: Methoden zur Engpassanalyse bei der Infrastrukturbemessung im Schienenverkehr

Das aktuelle Projekt RePlan [4] des Verkehrswissenschaftlichen Instituts Stuttgart (VWI GmbH) ermöglicht eine softwaregestützte Durchführung der Engpassanalyse auf Grundlage der in diesem Artikel entwickelten Grundsätze und damit ein anwenderorientiertes Hilfsmittel zur Beantwortung der oben genannten Fragen. Hierbei wird zunächst der optimale Leistungsbereich mittels Einfachsimulationen zufällig erzeugter Fahrpläne verschiedener Verdichtungsstufen unter Beibehaltung der Struktur des Betriebsprogramms ermittelt. Für die Lokalisierung und Bewertung der Engpassrelevanz bzw. -signifikanz sowie die Bewertung des Leistungsverhaltens einzelner Infrastrukturabschnitte sind zusätzliche Fahrpläne mit Belastungen innerhalb des optimalen Leistungsbereichs zu simulieren. Ein Beispiel für die Engpassbewertung ist in Bild 5 gegeben. Allerdings werden im Zusammenhang der Diagnose bislang lediglich die Symptome der Engpässe bestimmt und eindeutig zugeordnet. Dementsprechend können zurzeit auch nur symptombezogene Therapieansätze verfolgt werden.

6. AUSBLICK

Zur Erhöhung der Leistungsfähigkeit einer gegebenen Eisenbahninfrastruktur unter Beibehaltung einer gewünschten Betriebsqualität müssen betriebsbehindernde Engpässe gezielt beseitigt werden. Grundlage dafür stellen die in diesem Beitrag entwickelten Ansätze zur systematischen Lokalisierung und Kategorisierung der Engpässe im Untersuchungsraum dar. Die zielgerichtete Therapie erfordert jedoch zusätzlich eine Bestimmung der eigentlichen Ursachen dieser Engpässe. In einem laufenden DFG-Forschungsprojekt [5] am Institut für Eisenbahn- und Verkehrswesen der Universität Stuttgart werden gegenwärtig Methoden zur Ursachenbestimmung entwickelt.

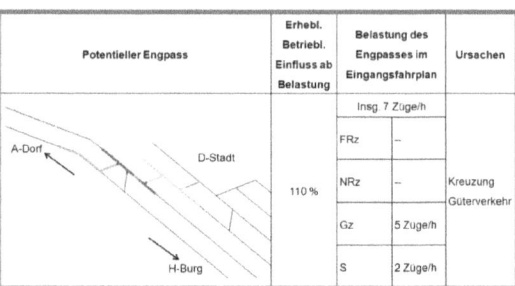

BILD 5: Beispiel einer Engpassbewertung mit RePlan

Literatur

[1] Chu, Zifu; Martin, Ullrich: Dynamisierung von Zeitscheiben in Betriebsprogrammen bei Leistungsuntersuchungen. In: ETR, Nr. 5, Jg. 2012, 2012, S. 40–45.
[2] DB Netz AG: DB Richtlinie 405 - Fahrwegkapazität, 2008.
[3] Martin, Ullrich; Li, Xiaojun; Warninghoff, Carsten-Rainer: Simulationsbasiertes allgemeingültiges Vorgehen für Knotenelemente bei der Infrastrukturbemessung im Schienenverkehr – RePlan. In: ETR, Nr 11, Jg. 2012, S. 38–43.
[4] Martin, Ullrich; Li, Xiaojun; Cui, Yong: Abschlussbericht RePlan, Bahnhofskapazität, RePlan AP4, Version 0.2, 2012.
[5] Martin, Ullrich: Entwicklung einer simulationsbasierten Methodik zur ursachenbezogenen Engpassbewertung komplexer Gleisstrukturen in spurgeführten Verkehrssystemen unter Berücksichtigung stochastischer Bedingungen. DFG-Projekt, 2012.

SUMMARY

Methods of bottleneck analysis in the dimensioning of infrastructure for rail traffic

Global indicators, such as the optimum performance range and delay coefficients, are used in academic studies of railway performances for assessing a given railway infrastructure as regards its performance behaviour and operational quality for the whole of the territory investigated. Working out suitable measures for improving the performance and the operational quality, however, also calls for the examination of local indicators for the performance behaviour of individual infrastructure elements in combination with a bottleneck analysis.

Anhang II: Einfluss des Betriebsprogramms und der Infrastrukturgestaltung auf die Entstehung von Engpässen im Schienenverkehr

VERKEHR & BETRIEB Engpassanalyse

Einfluss des Betriebsprogramms und der Infrastrukturgestaltung auf die Entstehung von Engpässen

Um Engpässe im Schienenverkehr nicht nur identifizieren, sondern auch situationsspezifisch geeignete Maßnahmen zu deren Beseitigung zielorientiert ableiten zu können, ist es zunächst erforderlich zu wissen, welche betrieblichen und infrastrukturellen Situationen Engpässe auslösen können. Derartige Einflussfaktoren bilden die Grundlage für die Zuordnung von möglichen Ursachen für die Engpässe einer folgenden maßnahmenbezogenen Bewertung bei der Engpassanalyse.

1. ENGPASSANALYSE BEI LEISTUNGSUNTERSUCHUNGEN

Bahnhöfe oder Eisenbahnknoten sind in den meisten Fällen im Vergleich zur freien Strecke wegen der komplexen Gleisstruktur störungsanfälliger und stellen somit oft den maßgebenden betriebsbehindernden Infrastrukturbereich dar. Bei der makroskopischen Engpassanalyse wird der Blick auf die Probleme bei der Netzplanung, z. B. schlechte Verbindungen, überlastete oder nicht ausgelastete Strecken sowie Knoten gerichtet. Bei der meso- und mikroskopischen Engpassanalyse wird der Untersuchungsschwerpunkt auf die genaue Gleistopologie, einzelne Netzelemente und das Betriebsprogramm gelegt. Im Sinne der Leistungsuntersuchung erfolgt die Teilaufgabe Engpassanalyse durch die Untersuchung von lokalen Indikatoren (Bild 1) [2, 3, 4].

Die Engpassanalyse hat die Aufgaben, die Entstehungsorte exakt zu erkennen und die Ursachen zu finden, um Maßnahmen abzuleiten.

Dipl.-Inf. Xiaojun Li
Akademische Mitarbeiterin am Institut für Eisenbahn- und Verkehrswesen der Universität Stuttgart (IEV)
xiaojun.li@ievv.uni-stuttgart.de

Prof. Dr.-Ing. Ullrich Martin
Direktor des Instituts für Eisenbahn- und Verkehrswesen der Universität Stuttgart (IEV) und des Verkehrswissenschaftlichen Instituts Stuttgart GmbH (VWI)
ullrich.martin@ievv.uni-stuttgart.de

Die Engpassanalyse hat zwei wichtige Aufgaben:

→ die Engpässe exakt zu lokalisieren und
→ die Ursachen der identifizierten Engpässe zu finden, um geeignete Maßnahmen zu deren Beseitigung abzuleiten.

Im vorliegenden Artikel werden wesentliche Einflussfaktoren im Betriebsprogramm und der Infrastrukturgestaltung, die die Entstehung von Engpässen verursachen können, unabhängig von Untersuchungstools diskutiert und zusammengefasst. Darüber hinaus bietet diese im Rahmen eines DFG-Projekts [5] durchgeführte Untersuchung eine wichtige Grundlage für die darauf aufbauende ursachenbezogene Engpassanalyse.

Definition

Bei der mikroskopischen Engpassanalyse wird ein Infrastrukturabschnitt dann zu einem Engpass, wenn andere Fahrten wegen der Belegung auf diesem Infrastrukturabschnitt so stark beeinträchtigt werden, dass

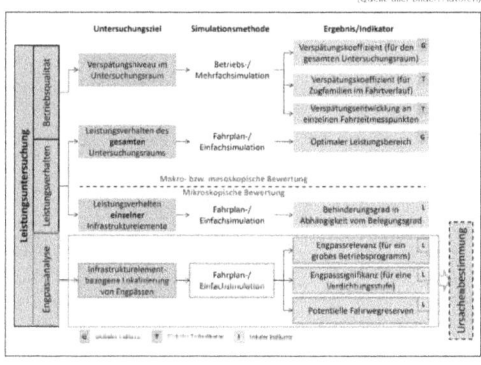

BILD 1: Engpassanalyse bei einer Leistungsuntersuchung mit Simulationswerkzeugen
(Quelle aller Bilder: Autoren)

Anhang II: Einfluss des Betriebsprogramms und der Infrastrukturgestaltung

VERKEHR & BETRIEB | Engpassanalyse

der Betrieb auf benachbarten Abschnitten behindert und damit die Betriebsqualität negativ beeinflusst wird, d.h. dieser Infrastrukturabschnitt wirkt betriebsbehindernd.

In [2] werden Grundsätze zur Engpassanalyse bei der Infrastrukturbemessung im Schienenverkehr vorgestellt. Zwei wesentliche lokale Indikatoren werden für die Lokalisierung von Engpässen vorgeschlagen [2, 3, 4] (Bild 1):

Engpassrelevanz: Die Engpassrelevanz beschreibt die Wahrscheinlichkeit, dass ein Infrastrukturabschnitt als Engpass unter bestimmten Bedingungen (Struktur des Betriebsprogramms) in Erscheinung tritt und verdeutlicht somit das Engpasspotential innerhalb eines Untersuchungsraums bei Anwendung eines Betriebsprogramms.

Engpasssignifikanz: Die Signifikanz des Engpasses beschreibt, ob ein Engpass in Abhängigkeit von der festgelegten Grenze der Betriebsqualität, der Struktur eines bestimmten Betriebsprogramms und der betrachteten Belastung (Verdichtungsstufe) real auch tatsächlich betrieblichen Einfluss erlangt.

In Bild 2 wird der Ablauf der ursachenbezogenen Engpassanalyse dargestellt. Engpassrelevanz und -signifikanz werden bestimmt, indem die erforderlichen Kenngrößen zunächst für gerichtete Belegungselemente 1 (z.B. Fahrstraßen oder Teilfahrstraßen) berechnet, und für die Bewertung auf ungerichtete Belegungselemente (Infrastrukturabschnitt, z.B. Blockabschnitt, Weichenbereich oder Gleisabschnitt) transformiert werden [2]. Um die genauen Ursachen der Engpässe zu finden, wird die Untersuchung für die gerichteten Belegungselemente für die Engpässe durchgeführt, wobei die zugrunde liegenden Kenngrößen den möglichen Ursachen in der Infrastruktur und im Betriebsprogramm zugeordnet werden. Von den Engpässen ausgehend werden die Ursachen entlang der Fahrwege algorithmisch bestimmt, und auf dieser Grundlage kann auch die Einflussweite eines Engpasses abgeleitet werden. Zur Ableitung von geeigneten Maßnahmen, um die Wirkungen von Engpässen zu vermindern, sind Aussagen zur Häufigkeit (Anzahl der behinderten Züge an einem Engpass pro Zeiteinheit) und zur Verteilung von Engpässen hilfreich.

In den nachfolgenden Abschnitten werden die Einflussfaktoren im Betriebsprogramm und der Infrastruktur für die Zuordnung der möglichen Ursachen von Engpässen diskutiert.

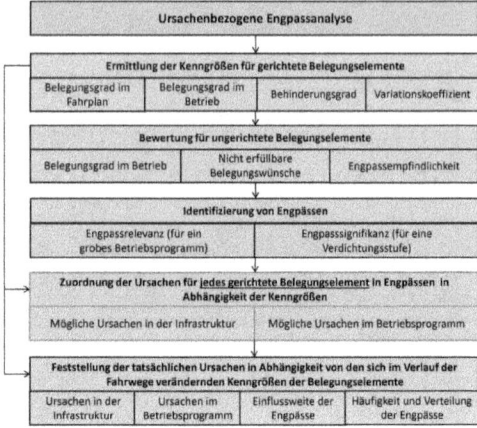

BILD 2: Ablauf der ursachenbezogenen Engpassanalyse

2. KENNGRÖSSEN ZUR BEWERTUNG VON ENGPÄSSEN

Bei der ursachenbezogenen Engpassanalyse liegen folgende Kenngrößen der Belegungselemente der Untersuchung zugrunde:

Belegungsgrad im Fahrplan: Der Belegungsgrad eines Belegungselements ist der Quotient aus der Summe der Sperrzeiten (Belegungszeiten) dieses Belegungselements und dem Untersuchungszeitraum. Der Belegungsgrad im Fahrplan bezieht sich auf die Soll-Belegungszeit der Zugtrasse ohne Berücksichtigung der Belegungsveränderung während der Betriebsdurchführung. Die Belegungszeit entspricht zwar inhaltlich der Sperrzeit [1], in diesem Artikel wird der Begriff Belegungszeit statt Sperrzeit verwendet, weil die Belegungszeit für die in der Arbeit vorliegende Untersuchung die betriebliche Beanspruchung umfassender (sowohl auf einem gerichteten als auch auf einem ungerichteten Belegungselement) als die Sperrzeit beschreiben kann.

Belegungsgrad im Betrieb: Der realistische Belegungsgrad bei der Betriebsdurchführung, der die behinderungsbedingte Wartezeit beinhaltet.

Behinderungsgrad: Der Behinderungsgrad eines Belegungselements ist der Quotient aus der Summe der behinderungsbedingten Wartezeiten (Behinderungszeit) dieses Belegungselements und dem Untersuchungszeitraum. Er entspricht die Differenz des Belegungsgrads im Betrieb und im Fahrplan.

Variationskoeffizient der Belegungszeiten: Die Kenngröße Variationskoeffizient der Belegungszeiten auf einem Belegungselement kann die Homogenität eines Betriebsprogramms widerspiegeln. Bei einem vollständig homogenen Betriebsprogramm haben alle Züge die gleiche Belegungszeit auf einem Belegungselement und der Variationskoeffizient ist gleich 0. Je größer der Variationskoeffizient ist, desto inhomogener ist das Betriebsprogramm.

Für die Lokalisierung von Engpässen mit der in [2] beschriebenen Methodik wird ein Verfahren zur Ermittlung der Engpassrelevanz und Engpasssignifikanz angewendet, das auf der Bewertung der Kenngrößen **Belegungsgrad im Betrieb** und **Behinderungsgrad** von gerichteten Belegungselementen beruht. Für die weiterführende Bestimmung von Ursachen der Engpässe werden die Kenngrößen Belegungsgrad im Fahrplan, Behinderungsgrad und Variationskoeffizient der Belegungszeiten von gerichteten Belegungselementen und deren Verläufe entlang der Fahrwege untersucht. In den nächsten Abschnitten werden Einflussfaktoren im Betrieb und in der Infrastruktur auf o.g. Kenngrößen diskutiert.

Anhang II: Einfluss des Betriebsprogramms und der Infrastrukturgestaltung

VERKEHR & BETRIEB | Engpassanalyse

3. EINFLUSSFAKTOREN AUF DEN BELEGUNGSGRAD IM FAHRPLAN

3.1. ZEITANTEILE DER BELEGUNGSZEIT DURCH EINE ZUGTRASSE

Die Belegungszeit (Sperrzeit) einer Zugtrasse auf einem Belegungselement setzt sich aus Fahrstraßenbilde- und Sichtzeit, Annäherungsfahrzeit, Fahrzeit im Belegungselement (Blockabschnitt oder Weichenbereich), Räumfahrzeit und Fahrstraßenauflösezeit zusammen (Bild 3). Alle Zeitanteile der Belegungszeit hängen von der Infrastrukturgestaltung und betrieblichen Bedingungen ab, welche die Zeitspanne der Belegungszeit beeinflussen können.

3.2. EINFLUSS DER INFRASTRUKTURGESTALTUNG

→ Zulässige Strecken- und Weichengeschwindigkeit: Eine niedrige Strecken- und Weichengeschwindigkeit beschränkt die Geschwindigkeit der Züge, obwohl die maximale Geschwindigkeit der Züge höher ist, wodurch sich die Belegungszeit der Belegungselemente vergrößert.
→ Länge des Belegungselements: Die reine Fahrzeit eines Zugs auf einem Belegungselement hängt direkt mit der Länge des befahrenen Belegungselements zusammen. Je länger das Belegungselement ist, desto größer wird die Belegungszeit.
→ Teilfahrstraßenauflösung: Sind für eine Fahrstraße Teilfahrstraßenauflösungen vorgesehen, so beginnt die Belegungszeit für alle Abschnitte dieser Fahrstraße zum selben Zeitpunkt. Durch die abschnittsweise Auflösung endet die Belegungszeit jedoch für die einzelnen Abschnitte bereits, sobald der Zug den jeweiligen Abschnitt verlassen und den zugehörigen Teil der Fahrstraße aufgelöst hat. Demzufolge entsteht die kürzeste Belegungszeit auf dem ersten (Belegungselement 2 in Bild 3) und die längste Belegungszeit im letzten Abschnitt (Belegungselement 3 in Bild 3) der Fahrstraße. Außerdem können so Belegungselemente einer auflösbaren Fahrstraße reduziert werden, wodurch solche Belegungselemente in kurzeren Folgen durch verschiedene Zugfahrten belegt werden können.

3.3. EINFLUSS DES BETRIEBSPROGRAMMS

Unterschiedliche Betriebsprogramme können zu unterschiedlichen Belegungsgraden auf demselben Belegungselement führen. Die Zeitspanne der Belegungszeit auf einem Belegungselement kann durch folgende betriebsbezogene Einflussfaktoren beeinflusst werden:

→ Zugeigenschaften: Geschwindigkeit, Zuglänge, Masse, usw. können die Belegungszeit beeinflussen.
→ Planmäßige Haltezeit auf einem Belegungselement: Die planmäßige Haltezeit auf einem Belegungselement ist ein Bestandteil der Belegungszeit, die auch die Belegungszeit des nachfolgenden Belegungselements aufgrund des Anfahrens nach einem planmäßigen Halt vergrößern kann.
→ Belastung auf einem Belegungselement: Der Belegungsgrad nimmt mit der Erhöhung Belastung zu.
→ Zeitzuschlag: Zeitzuschläge werden bei der Fahrplankonstruktion eingesetzt, um die Punktlichkeit trotz Fahrplanabweichungen durch kleinere Behinderungen zu gewährleisten. Dazu gehören Fahrzeitzuschläge und Haltezeitzuschläge, die die Belegungszeiten der Belegungselemente verlängern. Die Nutzung von Zeitzuschlägen kann die Auswirkungen der Engpässe quantitativ und qualitativ reduzieren.

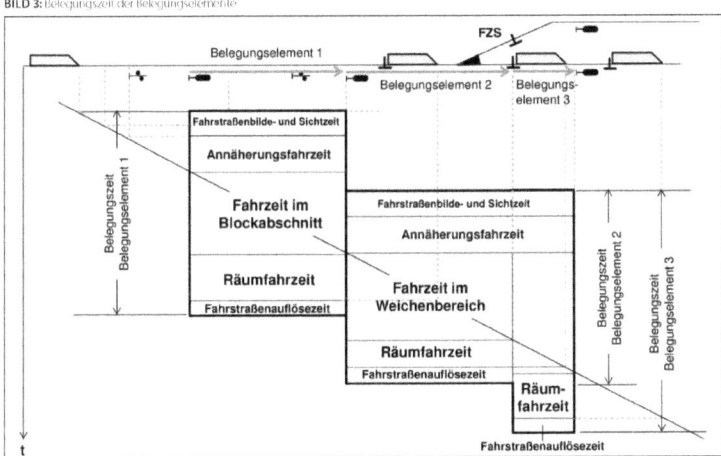

BILD 3: Belegungszeit der Belegungselemente

Entwicklung einer simulationsbasierten Methodik zur ursachenbezogenen Engpassbewertung

4. EINFLUSSFAKTOREN AUF DEN BEHINDERUNGSGRAD

4.1. KATEGORISIERUNG VON BEHINDERUNGEN

Da Zugfahrten auch auf den benachbarten Belegungselementen der Engpässe oftmals stark behindert werden, ist es erforderlich, die Behinderungen auf den einzelnen gerichteten Belegungselementen, ihre Entstehungsursachen sowie die in der Folge zeitlich veränderten Fahrtverläufe gezielt zu untersuchen. Die Behinderung kann nach Einflussweite (ausgehend von einem Belegungselement) und Häufigkeit (des Auftretens von Engpässen bzw. deren Verteilung im Untersuchungsraum) folgendermaßen kategorisiert werden (Bild 4):

BILD 4: Kategorisierung von Behinderungen

Aufteilung nach Häufigkeit
Erstbehinderung – die erste auftretende Behinderung eines Zugs entlang des Fahrtverlaufs. Im Beispiel in Bild 5, wird Zug Z2 nach einem behinderungsfreien Betriebsablauf zum ersten Mal an Belegungselement 1 durch eine andere Zugfahrt (Z1) auf Belegungselement 2 behindert.

Mehrfachbehinderung – ein Zug wird nach der Erstbehinderung während des Fahrtverlaufs nochmals behindert. Mehrfachbehinderungen treten auf, wenn eine bestehende Behinderung (Übersummation der Sperrzeiten) nicht allein durch Anpassen der Zeit-Weg-Linie als Folge der Erstbehinderung aufgelöst werden kann, sondern im weiteren Fahrtverlauf erneut Behinderungen auftreten. Mehrfachbehinderungen können durch denselben Zug (in Bild 5 die erneute Behinderung von Zug Z2 auf Belegungselement 2) oder durch unterschiedliche Züge verursacht werden. Ortsbezogen betrachtet können Mehrfachbehinderungen auf demselben Belegungselement oder auf unterschiedlichen Belegungselementen auftreten.

Aufteilung nach Einflussweite
Da die tatsächlichen Ursachen von Engpässen nicht immer nur im unmittelbaren Umfeld der Engpässe befinden, werden Behinderungen nach der Einflussweite kategorisiert als:
  Direkte Behinderung: Die Behinderung entsteht unmittelbar an der verursachenden Stelle. Wie im Beispiel in Bild 6(a), wird Z2 direkt durch Zug Z1 an Belegungselement 2 behindert, die Behinderung von Z2 auf Belegungselement 2 ist dann eine direkte Behinderung.
  Indirekte Behinderung: Die Behinderung tritt bei der Zusammenwirkung mehrerer Zugfahrten auf. Im Beispiel in Bild 6 (a) wird

Z3 von Z2 behindert, der wiederum von Z1 behindert ist, sodass sich die Behinderung von Z2 durch Z1 weiter auf Z3 fortpflanzt. Die Behinderung von Z3 auf Belegungselement 3 ist somit eine indirekte Behinderung, die nicht durch die unmittelbar benachbarten, sondern durch andere entfernte Belegungselemente verursacht wird.
Eine direkte Behinderung kann unmittelbar in eine indirekte Behinderung übergehen. In einer Gleisharfe fädeln drei Züge in ein gemeinsames Gleis ein (Bild 6(b)). Als erster Zug fährt Z1. Demzufolge werden zunächst Z2 und Z3 direkt behindert. Folgt nun Zug Z2 dem Zug Z1, so verändert sich die direkte Behinderung des Zuges Z3 durch Z1 in eine indirekte Behinderung.

4.2 EINFLUSS DER INFRASTRUKTURGESTALTUNG

Bei der Analyse von Behinderungen werden folgende Einflussfaktoren der Infrastruktur geprüft:
→ Unterschiedliche Länge oder zulässige höchste Geschwindigkeit benachbarter Blockabschnitte: Ein Zug auf

BILD 5: Kategorisierung von Behinderungen

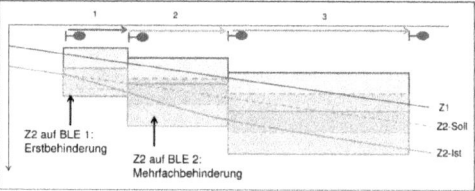

einem kürzeren Blockabschnitt (oder Blockabschnitt mit hoher zulässiger Geschwindigkeit) kann durch einen vorausfahrenden Zug auf einem längeren Blockabschnitt (oder Blockabschnitt mit niedriger zulässiger Geschwindigkeit) behindert werden, wenn sich die Sperrzeittreppen zweier Züge aufgrund der Zugfolge soweit annähern, dass sie sich überschneiden.
→ Lange Blockabschnitte nach Einfädeln: Folgt ein langer Blockabschnitt einem Einfädelabschnitt, werden Züge beim Einfädeln (z. B. Ausfahrt von Bahnhöfen) behindert.
→ Ein- und Ausfahrblocklänge und Weichengeschwindigkeit: lange Blockabschnitte und niedrige Weichengeschwindigkeit können oftmals erhebliche Behinderungen vor Ein- und Ausfahrten verursachen.
→ Teilfahrstraßenauflösung: Bei fehlender Teilfahrstraßenauflösung wird eine Kreuzung/Ausfädelung durch einen Zug länger belegt, wodurch andere Züge behindert werden können.
→ Anzahl der Gleise: die nicht ausreichende Gleiszahl kann zu Behinderungen bei der Einfahrt in Bahnhöfe oder Knoten führen.

Anhang II: Einfluss des Betriebsprogramms und der Infrastrukturgestaltung

VERKEHR & BETRIEB Engpassanalyse

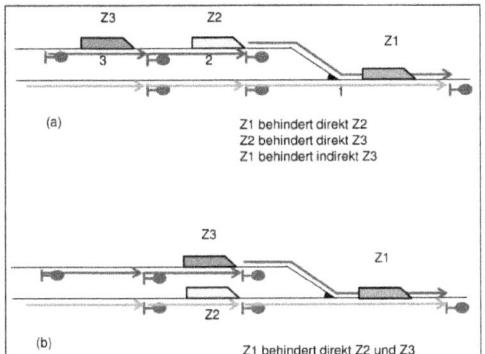

(a) Z1 behindert direkt Z2
Z2 behindert direkt Z3
Z1 behindert indirekt Z3

(b) Z1 behindert direkt Z2 und Z3

BILD 6: Behinderungen nach Einflussweite

Wahrscheinlichkeit einer gegenseitigen Behinderung dieser Zugfahrten.
→ Anzahl von Gegenfahrt und Einfädelungen, z. B. Fahrstraßenausschlüsse und Gegenfahrten auf Gleisen, die im Zweirichtungsbetrieb befahren werden, können Ursachen von Engpässen sein.
→ Möglichkeit zur Nutzung alternativer Fahrwege: bei hoch belasteten Engpassstellen, wird geprüft, ob alternative Fahrwege vorhanden und nutzbar sind, um die Engpässe zu entschärfen.

5. EINFLUSS DES ZUSAMMENWIRKENS VON BETRIEBSPROGRAMM UND INFRASTRUKTUR AUF DIE ENTSTEHUNG VON ENGPÄSSEN

Für die Zuordnung von Engpassursachen anhand der zuvor diskutierten Einflussfaktoren werden Entstehungsorte von Engpässen kategorisiert. Engpässe können entstehen bei:

4.3. EINFLUSS DES BETRIEBSPROGRAMMS

Neben infrastrukturbezogenen Behinderungen tauchen Behinderungen aufgrund von Konflikten bei der Fahrplankonstruktion auf, die ohne große Veränderungen in der Infrastruktur durch Anpassung des Betriebsprogramms verringert werden können.

→ Struktur des Zugmix: Aufgrund unterschiedlicher Belegungszeiten unterschiedlicher Zuggattungen erhöht ein inhomogenes Betriebsprogramm die Mindestzugfolgezeit, so dass die Leistungsfähigkeit des Untersuchungsraums sinkt und demzufolge Behinderungen zwischen den Zügen schon bei niedrigen Belastungen auftreten.
→ Zugeigenschaften: Belegungszeitverlängerung durch Bremsen bei Behinderungen und Beschleunigen oder Anfahren nach der Auflösung eines Belegungselements (schwere Güterzüge brauchen i. d. R. mehr Zeit zum Bremsen und Beschleunigen als Personenzüge).
→ Anzahl von Folgefahrten auf denselben Belegungselementen: Je mehr Zugfahrten auf einem Belegungselement durchgeführt sind, desto höher ist der

→ Blockabschnitten auf freien Strecken
→ Einfädeln mehrerer Züge in eine Richtung
→ Ausfädeln von Zügen aus einer Richtung in verschiedene Richtungen
→ Kreuzen von Zügen aus und in verschiedene Richtungen
→ Kombination der vorgenannten Fälle

Entlang der Fahrwege werden für alle gerichteten Belegungselemente die ermittelten Kenngrößen Belegungsgrad im Fahrplan, Behinderungsgrad und Variationskoeffizient ermittelt, untereinander verglichen und daraus mögliche Ursachen für einen zuvor

TABELLE 1: Beispiel der Zuordnung von Ursachen in Betriebsprogramm und Infrastruktur

Lage des Engpasses	Mögliche Ursachen im Betriebsprogramm	Mögliche Ursachen in der Infrastruktur
Blockabschnitt	→ Lange Planmäßige Haltezeit auf dem Blockabschnitt (falls Halteplatz vorhanden ist) → Sehr hohe Belastung	→ Blockabschnitt deutlich längerer als benachbarte Blockabschnitte
Einfädelung	→ Hohe Belastung (Zugzahl) auf den einfädelnden Fahrwegen → Lange Planmäßige Haltezeit auf den nachfolgenden Blockabschnitten → Züge aus den einfädelnden Fahrwegen haben unterschiedliche Geschwindigkeiten	→ Niedrige zulässige Geschwindigkeit im Weichenbereich → Die einfädelnden Fahrstraßen oder Teilfahrstraßen sind unterschiedlich lang. → Die aus dem Engpass führenden Fahrstraßen sind deutlich länger.
Ausfädelung	→ Hohe Belastungen (Zugzahl pro Zeiteinheit) auf den ausfädelnden Fahrwegen → Lange Planmäßige Haltezeit auf den nachfolgenden Blockabschnitten	→ Niedrige zulässige Geschwindigkeit im Weichenbereich → Fehlende Teilfahrstraßenauflösungen → Unterschiedliche Länge der ausfädelnden Fahrstraßen (Teilfahrstraßen) → Aus dem Engpass führenden Fahrstraßen sind deutlich länger. → Einfädeln unmittelbar nach Ausfädeln
Kreuzung	→ Hohe Belastung (Zugzahl pro Zeiteinheit) auf den kreuzenden Fahrstraßen → Lange Planmäßige Haltezeit auf den nachfolgenden Blockabschnitten → Züge aus den kreuzenden Fahrwegen haben unterschiedliche Geschwindigkeiten	→ Niedrige zulässige Geschwindigkeit im Weichenbereich → Fehlende Teilfahrstraßenauflösungen → Unterschiedliche Länge der kreuzenden Fahrstraßen (Teilfahrstraßen) und benachbarten Fahrstraßen
Kombination	Kombination von o.g. Ursachen	Kombination von o.g. Ursachen

lokalisierten Engpass abgeleitet. In Tabelle 1 wird die grobe Zuordnung der möglichen Ursachen bei den unterschiedlichen Entstehungsorten der Engpässe beispielhaft dargestellt.

Die beispielhafte Zuordnung in Tabelle 1 schließt noch nicht alle Ursachen ein. Für die Fälle einer komplexen Kombination verschiedener Situationen können die Engpässe auch durch das Zusammenwirken verschiedener Ursachen entstehen bzw. wirksam werden, die, separat betrachtet, keinen Engpass verursachen würden.

6. AUSBLICK

Die in diesem Artikel diskutierten Einflussfaktoren im Betriebsprogramm und der Infrastruktur im Schienenverkehr gehen zunächst von mikroskopischen Leistungsuntersuchungen aus, die auf Betrachtungen der gerichteten Belegungselemente basieren. Für eine Gesamtbetrachtung unter Berücksichtigung des Zusammenwirkens verschiedener Ursachen können diese zugrunde liegenden belegungselementbezogenen Größen Infrastruktur- oder Netzabschnitten zugeordnet und zusätzlich unter Berücksichtigung von Wechselwirkungen betrachtet werden. In [2, 3 und 4] wurde ein Verfahren zur allgemeingültigen Leistungsuntersuchung mit einem Ansatz zur Identifizierung von Engpässen entwickelt, im Programm PULEIV implementiert [3, 4, 6] und bereits in der Praxis angewendet [3]. Auf diesen Grundlagen werden gegenwärtig in einem laufenden DFG-Forschungsprojekt [5] am Institut für Eisenbahn- und Verkehrswesen der Universität Stuttgart Methoden zur Bestimmung der Ursachen von erkannten Engpässen entwickelt.

Literatur

▶ SUMMARY

Summary Head

To find out the solution to bottlenecks, the cause analysis of bottlenecks should be carried out, which answers that how and why bottlenecks occur. There are various reasons in operating program and infrastructure layout resulting in bottlenecks. In this paper, the possible influences of the layout of infrastructure and operating program are discussed.

1/2 Anzeige

ERP Archiv

Anhang III: Ursachenbezogene Engpassbewertung in der Eisenbahnbetriebssimulation – DFG-Forschungsprojekt EPSUR

VERKEHR & BETRIEB Engpassbewertung

Ursachenbezogene Engpassbewertung in der Eisenbahnbetriebssimulation – DFG-Forschungsprojekt EPSUR

Geeignete Maßnahmen zur Beseitigung von Engpässen können erst abgeleitet werden, wenn die tatsächlichen Ursachen bekannt sind. Während es bei einfachen Infrastrukturen vergleichsweise leicht ist, die Ursachen direkt zu bestimmen, ist dies bei komplexen Gleis-strukturen auf überschaubare Weise bislang nicht möglich. Im Rahmen des von der DFG (Deutsche Forschungsgesellschaft) geförderten Forschungsprojekts EPSUR [5] wurde ein Bewertungsverfahren entwickelt, mit dem die Ursachen der Engpässe zu erkennen sind.

1. EINLEITUNG

Im spurgeführten Verkehrssystem werden die Betriebsqualität und die Kapazität der Infrastruktur durch Engpässe im bestehenden Netz stark beeinflusst. Engpässe entstehen dabei häufig in Infrastrukturbereichen mit komplexen Gleisstrukturen. Diese können durch ungeeignete Nutzung oder mangelhafte Dimensionierung und Gestaltung der Infrastruktur verursacht werden. Zur Erhöhung der Infrastrukturkapazität und Verbesserung der Betriebsqualität sind deshalb geeignete Maßnahmen zu finden, durch die die negative Wirkung bestehender Engpässe gemindert werden kann.

Die zwei Hauptaufgaben einer Engpassanalyse im Rahmen eisenbahnbetriebswissenschaftlicher Leistungsuntersuchungen bestehen darin, Engpässe im Untersuchungsraum exakt zu erkennen und deren Ursachen in der Infrastruktur bzw. im Betriebsprogramm zu bestimmen. Darauf aufbauend können dann anhand der erkannten Ursachen geeignete Maßnahmen abgeleitet werden.

Es existiert bereits eine Reihe von Methoden bzw. Verfahren, bei denen die Wirkungen von Engpässen in Form von Warteschlangen oder Wartezeiten erkennbar und auswertbar sind. Die Infrastrukturelemente, an denen Warteschlangen entstehen, sind jedoch oftmals selbst nicht die Ursache des Engpasses. Bei komplexen Gleisstrukturen entstehen Engpässe oftmals nicht nur aus einer einzigen Ursache sondern aus dem Zusammenwirken der verschiedenen Komponenten – Infrastruktur, Betriebsprogramm und Fahrzeuge. Während es bei einfachen Infrastrukturen vergleichsweise leicht ist, die Ursachen direkt zu bestimmen, ist dies bei komplexen Teilnetzen mit heterogenen Betriebsprogrammen auf überschaubare Weise bislang nicht möglich.

Das Ziel des hier beschriebenen DFG-Forschungsprojektes [5] bestand darin, komplexe Gleisstrukturen der Eisenbahninfrastruktur unter Berücksichtigung stochastischer Bedingungen zu bewerten, um so die tatsächlichen Ursachen für Engpässe zu identifizieren.

2. INFRASTRUKTURMODELL FÜR DIE URSACHENBEZOGENE ENGPASS-ANALYSE

2.1. INFRASTRUKTURMODELLIERUNG IM ZWEI-EBENEN-MODELL

Im Vergleich mit freien Strecken führt die komplexe Gleisstruktur von Eisenbahnknoten zu einer großen Anzahl von Fahrtmöglichkeiten und Fahrtabhängigkeiten. Um aussagekräftige Ergebnisse zur Bewertung von Engpässen zu gewinnen, ist es erforderlich, die verflochtene Infrastruktur von Eisenbahnknoten elementorientiert zu unterteilen und zu modellieren. Am Institut für Eisenbahn- und Verkehrswesen der Universität Stuttgart wurde ein mikroskopisches Zwei-Ebenen-Modell entwickelt [6],

Dipl.-Inf. Xiaojun Li
Akademische Mitarbeiterin am Institut für Eisenbahn- und Verkehrswesen der Universität Stuttgart (IEV)
xiaojun.li@ievwi.uni-stuttgart.de

Prof. Dr.-Ing. Ullrich Martin
Direktor des Instituts für Eisenbahn- und Verkehrswesen der Universität Stuttgart (IEV) und des Verkehrswissenschaftlichen Instituts Stuttgart GmbH (VWI)
ullrich.martin@ievwi.uni-stuttgart.de

das auch den Anforderungen der ursachenbezogenen Engpassanalyse gerecht wird. Mit diesem Modell wird eine Infrastruktur in zwei sich überlappenden Ebenen (Ebene Basisstrukturen und Ebene Fahrwegkomponenten) modelliert (siehe Bild 1):

Ebene 1: Basisstrukturen – ungerichtete Belegungselemente
Eine Basisstruktur (Definition nach [5, 6]) ist ein zusammenhängender Teil der befahrbaren Infrastruktur, der als ungerichtetes Belegungselement in allen Richtungen entweder durch das nächstliegende Signal, die nächstliegende Signalzugschlussstelle, die nächstliegende Fahrstraßenzugschlussstelle oder den Rand des Untersuchungsraums begrenzt wird (Ebene 1 in Bild 1).

Ebene 2: Fahrwegkomponenten – gerichtete Belegungselemente
Eine Fahrwegkomponente (Definition nach [5, 6]) ist ein zusammenhängender Teil der befahrbaren Infrastruktur (z. B. Fahrstraße,

Anhang III: DFG-Forschungsprojekt EPSUR

VERKEHR & BETRIEB | Engpassbewertung

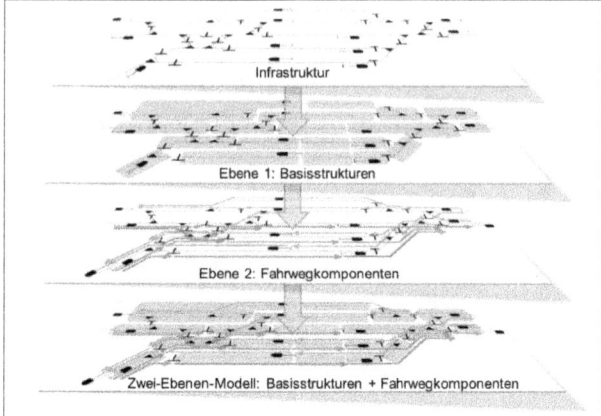

BILD 1:
Mikroskopisches Infrastrukturmodell – Zwei-Ebenen-Modell
(Quelle aller Bilder: Autoren)

ggf. auch Fahrtabschnitt bis zum nächsten Zielsignal), der als gerichtetes Belegungselement gesondert aufgelöst werden kann (Ebene 2 in Bild 1).

2.2. VORTEILE DES ZWEI-EBENEN-MODELLS

Das Zwei-Ebenen-Modell bietet folgende Vorteile:

→ Die Zuordnung von Fahrwegkomponenten und Basisstrukturen bei diesem Modell ermöglicht die Transformation von den kleinsten gerichteten Belegungselementen zu den mittels Kenngrößen zu bewertenden ungerichteten Belegungselementen.

→ Da jede Fahrwegkomponente die Information über die vorherigen und nachfolgenden Fahrwegkomponenten enthält, kann ein kompletter Fahrweg durch aufeinanderfolgende Fahrwegkomponenten abgebildet werden. Dadurch wird das Verfolgen einer Verspätungsfortpflanzung entlang des Fahrwegs als Voraussetzung für das Finden der Ursache eines Engpasses ermöglicht.

→ Das Modell ist besonders für Simulationsverfahren geeignet. Durch die Zuordnung von Fahrwegkomponenten und Basisstrukturen können die aus Simulationen ermittelten Daten von Betriebsabläufen entsprechend zusammengefasst.

Belegungsgrad (BLG)	Der Belegungsgrad eines Belegungselements ist der Quotient aus der Summe der Belegungszeiten dieses Belegungselements und dem Untersuchungszeitraum.
Behinderungsgrad (BHG)	Der Behinderungsgrad eines Belegungselements ist der Quotient aus der Summe der behinderungsbedingten Wartezeiten dieses Belegungselements und dem Untersuchungszeitraum.
Nicht erfüllbare Belegungswünsche (NEB)	Die „Nicht erfüllbaren Belegungswünsche" eines Belegungselements entsprechen der Summe der behinderungsbedingten Wartezeiten aller Züge, die dieses Belegungselement anfordern.
Engpassempfindlichkeit (EPE)	Die Engpassempfindlichkeit eines Belegungselements bezeichnet die Änderung des Behinderungsgrades in Abhängigkeit des Belegungsgrades auf dem betreffenden Belegungselement.
Engpassrelevanz (EPR)	Die Engpassrelevanz beschreibt die Wahrscheinlichkeit, dass ein Infrastrukturabschnitt als Engpass unter bestimmten Bedingungen (Struktur des Betriebsprogramms) in Erscheinung tritt und verdeutlicht somit das Engpasspotential innerhalb eines Untersuchungsraums bei Anwendung eines Betriebsprogramms.
Engpasssignifikanz (EPS)	Die Signifikanz des Engpasses beschreibt, ob ein Engpass in Abhängigkeit von der festgelegten Grenze der Betriebsqualität, der Struktur eines Betriebsprogramms und der betrachteten Belastung (Verdichtungsstufe) real auch tatsächlich betrieblichen Einfluss erlangt.

TABELLE 1: Begriffe der Engpassanalyse zur Lokalisierung von Engpässen [2]

3. METHODE ZUR LOKALISIERUNG VON ENGPÄSSEN

Die Grundsätze der Engpassanalyse bei Leistungsuntersuchungen und die Methode zur Lokalisierung von Engpässen wurden in [2] beschrieben. Mit dieser Methode können sowohl potenzielle Engpässe eines großen Betriebsprogramms als auch wirksame Engpässe einer konkreten Belastung (Verdichtungsstufe) nach drei Kriterien – Engpassempfindlichkeit (K1), Nicht erfüllbare Belegungswünsche (K2) und Belegungsgrad (K3) bewertet und lokalisiert werden. Die Begriffe im Rahmen der Engpassanalyse zur Lokalisierung von Engpässen werden in Tabelle 1 definiert.

Für eine Untersuchungsvariante werden Engpässe nach folgenden Schritten (Bild 2) lokalisiert:

→ Eine Untersuchungsvariante (Untersuchungsraum + grobes Betriebsprogramm) wird aufbereitet und in ein geeignetes Simulationswerkzeug eingegeben.

→ Unter Beibehaltung der Struktur des Betriebsprogramms werden Fahrpläne

VERKEHR & BETRIEB | Engpassbewertung

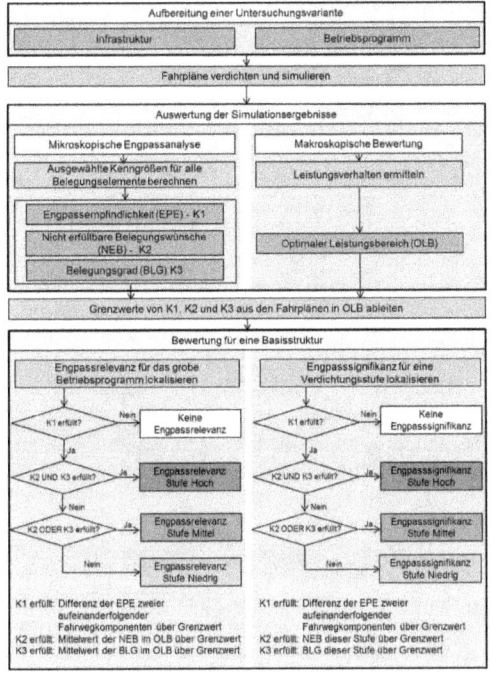

BILD 2: Ablauf des Verfahrens zur Lokalisierung von Engpässen

unterschiedlicher Verdichtungsstufen (Belastungen) unter stochastischen Bedingungen [4] mit der Bewertungssoftware PULEIV [7] generiert, die anschließend mit dem Simulationswerkzeug simuliert werden
→ Mit PULEIV wird der globale Indikator „Optimaler Leistungsbereich" [4] [8] ermittelt.
→ Aus den Simulationsergebnissen werden für alle Fahrwegkomponenten der Belegungsgrad und Behinderungsgrad ermittelt. Daraus werden die erweiterten Kenngrößen „Engpassempfindlichkeit", „Nicht erfüllbare Belegungswünsche" und „Belegungsgrad" für alle Basisstrukturen als Kriterien (K1, K2 und K3) zur Lokalisierung von Engpässen berechnet.
→ Aus den zugrunde gelegten Fahrplänen

im Optimalen Leistungsbereich werden Grenzwerte für die drei Kriterien (K1, K2 und K3) festgelegt.
→ Zur Lokalisierung der Engpässe werden für jede Basisstruktur die drei ermittelten Kenngrößen mit den jeweiligen Grenzwerten verglichen. Anhand der Kriterien wird bestimmt, ob eine Basisstruktur Engpassrelevanz bezogen auf ein großes Betriebsprogramm oder Engpasssignifikanz bezogen auf eine konkrete Belastung (Verdichtungsstufe) besitzt. Die Engpässe werden demensprechend

in drei Stufen – Hoch, Mittel und Niedrig – kategorisiert.

4. SUCHALGORITHMUS ZUR LOKALISIERUNG VON URSACHEN DER ENGPÄSSE

4.1. PROBLEMSTELLUNG

Die Ableitung von geeigneten Maßnahmen zur Beseitigung von Engpässen oder Minimierung von deren Wirkung kann nur erreicht werden, wenn die Ursachen der Engpässe bekannt sind. Jedoch sind die Ursachen bei komplexer Infrastruktur aufgrund des Zusammenwirkens mehrerer Zugfahrten meistens nicht offensichtlich. In Bild 3 wird ein klassisches Problem bei der Identifizierung der tatsächlichen Ursachen beispielhaft dargestellt.

In diesem Beispiel fahren drei Züge auf drei Fahrwegen in der Reihenfolge $Z_1 - Z_2 - Z_3$. Z_1 und Z_3 sind kreuzende Zugfahrten. Z_2 wird durch Z_1 behindert. Weil Z_2 aufgrund der Behinderung außerplanmäßig länger halten muss, behindert er wiederum Z_3. So treten Behinderungen an den Basisstrukturen BS_1 und BS_2 auf. Allerdings ist die Behinderung, die bei Z_3 auftritt, nicht von Z_2 sondern von Z_1 verursacht. Z_1 und Z_3 sind Zugfahrten auf zwei nebeneinander verlaufenden Gleisen, sie schließen sich daher nicht direkt aus. Bei einem solchen Fall ist die tatsächliche Ursache durch die Übertragung der Behinderungen und das Zusammenwirken mehrerer Zugfahrten nicht direkt erkennbar. Es ist infolgedessen nicht trivial, geeignete Maßnahmen abzuleiten.

Um solche Probleme zu lösen, wurde im Rahmen des hier beschriebenen Forschungsprojekts ein Suchalgorithmus zur Lokalisierung der tatsächlichen Ursachen entwickelt, indem die auftretenden Behinderungen maßgebenden verursachenden Belegungselementen zugeordnet werden. Für diesen Zweck wird eine neue Kenngröße „Belegungselementverursachte Behinderung" eingeführt, die Wirkungen von Engpassen, die durch ein Belegungselement verursacht werden, quantitativ darstellt.

Definition: Die Belegungselementverursachte Behinderung (BBH) eines Belegungselements (gerichtet oder ungerichtet) ist die Summe der Behinderungen aller Züge, die von der Belegung dieses Belegungselements verursacht werden. Werden für ein Belegungselement summarisch die auftretenden Behinderungen der Züge, die unmittelbar von ihm behindert werden, und auch die Anteile der auftretenden Behinderungen derjenigen Züge, die infolge

Anhang III: DFG-Forschungsprojekt EPSUR

VERKEHR & BETRIEB | Engpassbewertung

von übertragenden Behinderungen indirekt von diesem Belegungselement behindert werden, ausgewiesen. Sie wird in der Einheit [Zeit/Zug] gemessen. Dieser Zusammenhang wird im nachfolgenden Abschnitt näher erläutert.

4.2. ABLAUF DES SUCHALGORITHMUS

Die Belegungselementverursachten Behinderungen (BBH) an einem Engpass werden nach folgenden Schritten den verursachenden Belegungselementen zugeordnet. Der Ablauf des Suchalgorithmus wird anhand des Beispiels in Bild 4 veranschaulicht, dabei wird insbesondere die Behinderung von Z_3 betrachtet.

Schritt 1: Suche des Zugs, der den behindernden Zug (hier) unmittelbar behindert
Der Z_3 behindernde Zug wird in den Basisstrukturen gesucht, die von den in Fahrtrichtung als nächstes zu belegenden Fahrwegkomponenten von Z_3 überdeckt werden (in diesem Beispiel BS_2). Gesucht ist der Zug, der zu dem Zeitpunkt, wenn Z_3 die Belegung auf BS_2 anfordern möchte, BS_2 belegt. Hier ist Z_2 der gefundene Zug, der Z_3 unmittelbar behindert.

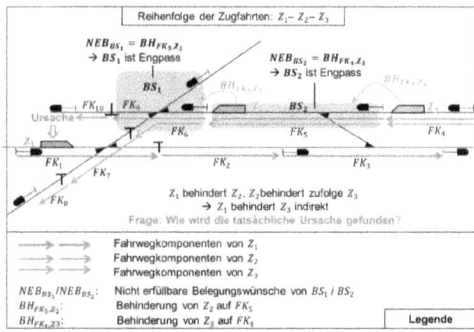

Schritt 2: Aufteilung der Behinderung in direkte und indirekte Behinderungen
Um zu bestimmen, ob Z_2 die tatsächliche Ursache für die Behinderung von Z_3 ist, wird nun mit der unter Schritt 1 beschriebenen Methode geprüft, ob Z_2 zugleich durch einen anderen Zug behindert wird. Wird Z_2 nicht durch einen anderen Zug behindert, entspricht die beobachtete Behinderung von Z_3 einer direkten Behinderung und wird nach Schritt 3 behandelt. Wird Z_2 jedoch durch einen Zug (hier ist das Z_1) behindert, so wird die Behinderung von Z_3 in zwei Teile – eine direkte und eine indirekte Behinderungen aufgeteilt. Die direkte Behinderung ergibt sich aus dem Vergleich der Sperrzeitüberlappungen der zwei Zugfahrten im Soll-Fahrplan. Die Differenz von der gesamten Behinderung und der direkten Behinderung entspricht der indirekten Behinderung.

Schritt 3: Behandlung der direkten Behinderung
Die direkte Behinderung von Z_3 wird in einen Speicher der BBH der von Z_2 belegten Fahrwegkomponente (in diesem Beispiel FK_2) hinzugefügt.

Schritt 4: Behandlung der indirekten Behinderung
Die indirekte Behinderung von Z_3 wird in einen temporären Speicher gelagert. Im die-

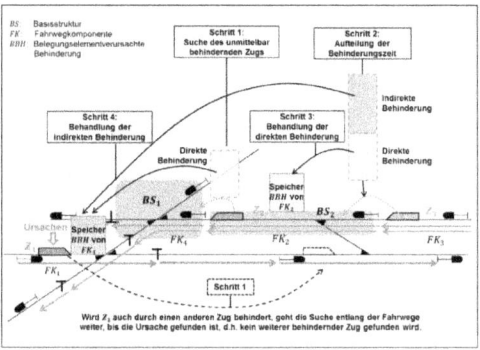

sen Beispiel wird Z_2 von Z_1 behindert. Deshalb wird nun geprüft, ob Z_1 die unmittelbare Ursache der Behinderung ist. Wenn Z_1 nicht anderen Zugen behindert wird, ist er die Ursache, werden dann beide direkten Behinderung von Z_2 und der gespeicherten indirekten Behinderung von Z_3 in den Speicher der BBH der von Z_1 belegten Fahrwegkomponente FK_1 hinzugefügt. Sollte dagegen auch Z_1 von einem anderen Zug behindert werden, ist der Suchvorgang fortzusetzen, bis der verursachende Zug gefunden wird, der selbst nicht durch einen anderen Zug behindert wird. Die während des Suchvorgangs gespeicherten indirekten Behinderungen werden dann den BBH der

jetzt verursachenden Fahrwegkomponente hinzugefügt.

Schritt 5: Zuordnung aller an dem Engpass auftretenden Behinderungen
Der Suchvorgang wird für alle an dem Engpass auftretenden Behinderungen durchgeführt, sodass die Behinderungen den verursachenden Belegungselementen (Fahrwegkomponente FK_i) hinzugefügt werden können. Dadurch wird erkennbar, wo sich die Ursachen befinden.

Nachdem die Ursachen der Engpässe lokalisiert wurden, können die Ursachen in der Infrastruktur und dem Betriebsprogramm

Anhang III: DFG-Forschungsprojekt EPSUR

VERKEHR & BETRIEB Engpassbewertung

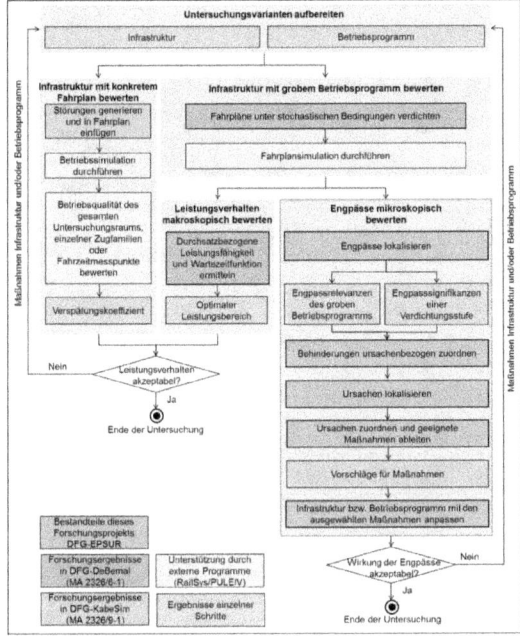

die gezielte Ableitung von Maßnahmen zur Beseitigung von Engpässen ermöglicht wird. Die Anwendbarkeit des Verfahrens wurde sowohl an realen als auch an Laborbeispielen systematisch nachgewiesen. ◀

Literatur:
[...]

BILD 5: Ablauf eines allgemeingültigen Bewertungsverfahrens

detailliert bestimmt werden. In [3] wurden bereits Einflüsse der Infrastrukturgestaltung und des Betriebsprogramms auf die Entstehung von Engpässen diskutiert. Darauf aufbauend können nun geeignete spezifische Maßnahmen abgeleitet werden.

5. BEWERTUNGSVERFAHREN FÜR KOMPLEXE GLEISSTRUKTUREN

Durch das Zusammenfügen der vorhandenen makroskopischen Bewertung und der mikroskopischen Engpassanalyse als ein Ergebnis des hier beschriebenen Forschungsprojekts [5] wurde das allgemeingültige Bewertungsverfahren bei Leistungsuntersuchungen weiter entwickelt. Der Ablauf eines umfassenden Bewertungsprozesses wird in Bild 5 dargestellt.

6. ZUSAMMENFASSUNG

Mit den in dem hier beschriebenen Forschungsprojekt [5] entwickelten Bewertungsansätzen wird die bisherige Beschränkung aufgrund der getrennten Bewertung von Strecken und Knoten überwunden. Die mikroskopische Engpassanalyse ergänzt makroskopische Leistungsuntersuchungen, sodass umfassende Aussagen über Kapazität und Qualität getroffen werden können. Der im Rahmen des Forschungsprojekts entwickelte Suchalgorithmus analysiert die auftretenden Behinderungen entlang des Fahrtverlaufs nach der Logik der Behinderungen zwischen den Zügen bis zu den Stellen, an denen die tatsächlichen Ursachen des Engpasses zu finden sind. Mit der ursachenbezogenen Engpassanalyse können sowohl das Phänomen als auch die Ursachen der Engpässe identifiziert werden, wodurch

▶ SUMMARY

Ursachenbezogene Engpassbewertung in der Eisenbahnbetriebssimulation – DFG-Forschungsprojekt EPSUR

Mit den in dem in der DFG geförderten Forschungsprojekt EPSUR [5] entwickelten Bewertungsansätzen wird die Beschränkung aufgrund der getrennten Bewertung von Strecken und Knoten überwunden. Der Suchalgorithmus analysiert die auftretenden Behinderungen entlang des Fahrtverlaufs bis zu den Stellen, an denen die tatsächlichen Ursachen des Engpasses zu finden sind. Mit der ursachenbezogenen Engpassanalyse können sowohl das Phänomen als auch die Ursachen des Engpasses identifiziert werden, wodurch die gezielte Ableitung von Maßnahmen zur Beseitigung von Engpässen ermöglicht wird.

www.ingramcontent.com/pod-product-compliance
Lightning Source LLC
Chambersburg PA
CBHW070238230526
45470CB00002B/454